27896

TRAITÉ

DE

L'ÉLÈVE DU CHEVAL

DANS LE DÉPARTEMENT

DE LOT-ET-GARONNE.

Impr. de P. Noubel, à Agen.

TRAITÉ

DE

L'ÉLÈVE DU CHEVAL.

DANS LE DÉPARTEMENT

DE LOT-ET-GARONNE,

SUIVI

D'une Instruction où sont exposés les Principes les plus rationnels d'élevage et les règles
qui doivent guider les Propriétaires dans les soins à donner aux Poulinières
et à leurs produits,

PAR M. GOUX,

VÉTÉRINAIRE DU DÉPARTEMENT DE LOT-ET-GARONNE,

Membre correspondant de la Société nationale et centrale de Médecine
Vétérinaire.

Nihil per saltus.

AGEN,

CHEZ BERTRAND, LIBRAIRE, RUE GARONNE.

1849.

EXTRAIT

DU

PROCÈS - VERBAL DE LA SEPTIÈME SÉANCE

DU CONSEIL GÉNÉRAL.

———

(27 Novembre 1848).

⟶❀❀❀⟵

« Le Conseil général , sur la proposition de M. le Préfet et le rapport de la Commission d'agriculture.

« Alloue la somme de 120 francs pour impression du *Manuel de l'Éleveur* , par M. Goux , à 500 exemplaires , qui devront être distribués notamment aux Comices agricoles et aux propriétaires des animaux primés ;

« Il fait mention honorable du *Traité sur l'Élève du Cheval dans le Lot-et-Garonne* , par M. Goux , vétérinaire du département ;

« Et demande l'impression de cet ouvrage sur les fonds votés pour la Société Vétérinaire. »

Ce Traité a obtenu une médaille d'or au concours ouvert en 1848 par la Société Nationale et Centrale de Médecine Vétérinaire , et a valu à l'Auteur le titre de membre correspondant de cette Société.

« Ce travail , a dit le rapporteur du Mémoire , ce travail , écrit « avec méthode , renferme des détails fort intéressants. L'auteur , « M. Goux , vétérinaire à Agen (Lot-et-Garonne) , subordonnant la « science à l'économie , sait toujours donner des conseils dont l'application est avantageuse aux éleveurs. La Société lui décerne une « médaille d'or de 200 francs. »

TRAITÉ
DE L'ÉLÈVE DU CHEVAL
DANS LE LOT - ET - GARONNE.

-◦-🙠🙡-◦-

PREMIÈRE PARTIE.

CHAPITRE PREMIER.

Topographie du département de Lot-et-Garonne. -- Situation, étendue, aspect du sol. -- Division en partie fertile et partie infertile. -- Importance relative de l'Élève des principales espèces domestiques. -- Chevaux; Division en trois catégories. -- Caractères distinctifs. -- Chiffre de la population Chevaline.

§ I. — TOPOGRAPHIE.

Le département de Lot-et-Garonne est formé d'une partie de l'ancien gouvernement de Guyenne et Gascogne, et comprend la presque totalité de l'Agenais et une petite portion du Condomois, du Bazadais, de la Lomagne et du diocèse de Cahors. Composé de quatre arrondissements, celui d'Agen, celui de Marmande, celui de Villeneuve et celui de Nérac, il emprunte son nom aux deux plus importants cours d'eau qui l'arrosent et qui se réunissent presque au centre de son territoire.

Il est situé dans la région occidentale de la France où il occupe une surface de 530,711 hectares. Ses confins touchent à six départements : au nord, le département de la Dordogne ; à l'ouest, celui de la Gironde ; au sud-ouest, celui des Landes ; au sud, celui du Gers ; à l'est, ceux du Lot et de Tarn-et-Garonne. Il est entièrement compris entre le 44e et le 45e degré de latitude septentrionale. Ses limites, tout-à-fait artificielles et nullement indiquées par la nature, dépassent, sur un point, d'environ deux mille mètres le premier de ces degrés, et une distance de vingt-six kilomètres le sépare du second.

Le deuxième degré de longitude occidentale, à compter du méridien de Paris, le divise en deux parts inégales. Il s'étend à quarante-sept minutes cinquante-huit secondes à l'est, et à trente-deux minutes cinquante-huit secondes à l'ouest de ce degré.

Le sol extérieur du département est naturellement divisé en régions dont l'aspect général varie singulièrement. Nulle part on ne saurait trouver plus de fertilité, une végétation plus luxuriante, des sites plus agréables et plus riches que dans la région centrale qui constitue une immense plaine inclinée au nord-ouest, traversée dans toute sa longueur par la grande vallée de la Garonne, et coupée transversalement par les vallées secondaires du Lot, du Dropt, de la Bayse et du Gers. Une population aisée d'agriculteurs et d'industriels, une admirable race de bœufs, renommés dans tout le midi, des campagnes si fécondes et si belles qu'un voyageur [1] a pu les nommer, sans trop d'exagération, la Lombardie de la France, des terres soigneusement cultivées où viennent des céréales, des plantes fourragères, des plantes sarclées, et parmi ces dernières, le tabac, des côteaux peu élevés formant généralement des croupes arrondies, couvertes de champs et de vignes, etc, voilà le spectacle que nous offre cette partie de la circonscription territoriale que nous étudions.

Malheureusement, il n'en est pas ainsi partout. La partie nord-est, désignée sous le nom de Haut-Agenais, ne présente pas, à beaucoup près, la même fertilité ni le même aspect. Là ce ne sont plus des terrains sédimentaires où les vallées et les collines ont été harmonieusement façonnées par les eaux et offrent tous les caractères d'une heureuse fécondité ; ce sont des vallons irréguliers, des côteaux abruptes, des rochers à fleur de terre ; c'est un sol heurté, inégal, vivement accidenté, où l'on reconnaît l'action manifeste d'un soulèvement intérieur. Sur un tel sol, en grande partie composé d'une argile ingrate, fortement colorée par le fer et peu favorable, notamment sur les plateaux supérieurs, aux cultures

---

[1] Voir l'Illustration, Tome II

fourragères et aux céréales, viennent très avantageusement le chêne, le châtaignier, le noyer, la
vigne. Les crus distingués de Péricard et de Thézac
appartiennent à cette région. Ces terrains fournissent
abondamment des minerais de fer exploités par les
usines et les hauts-fourneaux de Fumel, de Cuzorn,
de Blanquefort et de Sauveterre.

A l'extrémité opposée, sur la lisière occidentale du
département, s'étend un vaste plateau de terre aride, peu habitée, qui a près de quarante mille hectares. C'est le commencement de ces immenses step-
pes sablonneuses, çà et là hérissées de pins ou creu-
sées de marais et qui se prolongent jusqu'à l'Océan.
Cette partie des Landes, ces plaines stériles que cir-
conscrit un horizon solitaire, forment un frappant
contraste avec les bords populeux et riants de la
Garonne et de la Bayse.

Dans ce désert on trouve toutefois des oasis ; au
milieu des bois de pins, il y a des clairières privilégiées où s'élèvent quelques habitations rustiques et
où se creusent des sillons productifs. Ce sont à vrai
dire les *belles Landes*. Mais si l'on s'enfonce plus
avant, du côté du couchant, on voit se dérouler dans
leur triste nudité les sables, les bruyères, les marécages, dont plusieurs écrivains ont laissé de si frap-
pants tableaux. [1]

---

[1] Voir Saint-Amans, *Voyage dans les Landes de Gascogne* ; Lafont
du Cujula, *Statistique du département de Lot-et-Garonne* ; Bartayrès, *Recueil des travaux de la Société d'Agriculture, Sciences et
Arts d'Agen*, etc., etc.

Qu'on se représente une plaine sans limites où s'é-
lèvent des buttes au lieu de côteaux ; un sol composé
d'une couche plus ou moins épaisse de sable pur, re-
posant sur une assise puissante d'argile souvent fer-
rugineuse, qui affleure sur certains points et qui se
trouve enfouie, sur d'autres, à une assez grande pro-
fondeur ; des marécages formés dans les parties les
plus basses, par le séjour des eaux pluviales, dont le
sous-sol d'argile empêche l'infiltration et qui , ne
trouvant aucune issue , se corrompent et remplissent l'atmosphère d'exhalaisons miasmatiques ; des
champs qui ne donnent de maigres récoltes de seigle
et de panis qu'avec beaucoup d'engrais et un travail
opiniâtre ; qu'on se représente encore d'immenses
espaces entièrement couverts de bruyères, des pâturages arides où vaguent des troupeaux chétifs , et l'on
aura une idée à peu près exacte de l'aspect des
Landes.

Tout dans cette contrée, si différente des régions
environnantes, revêt un caractère particulier : le sol,
le climat, les animaux, les hommes.

On ne saurait méconnaître nulle part la puissante
influence de la nature du sol et de l'agriculture d'un
pays , sur l'organisation , les formes , la prospérité
des êtres vivants qui l'habitent. Nous en trouvons
ici un exemple manifeste, et c'est pour motiver une
division subséquente dans notre espèce chevaline ,
que nous avons distingué dans le département la
partie fertile de la partie infertile.

§ II. — ANIMAUX DOMESTIQUES.

Une étude, même superficielle, des principales espèces domestiques qui peuplent le Lot-et-Garonne, révèle les faits suivants :

L'espèce bovine a atteint, dans la voie d'amélioration depuis long-temps poursuivie, un tel degré de perfectionnement, qu'elle constitue une race à part avec sa désignation propre, ses caractères spéciaux et ses aptitudes.

Dans l'espèce ovine, au contraire, se trahit une tendance malheureuse, mais rapide et inévitable, vers la dégénérescence et la disparition des troupeaux.

Quant à l'espèce chevaline, elle se montre dans un état peu favorable et constitue une industrie peu suivie et peu goûtée ; en lutte avec une industrie rivale ou plutôt congénère, la production des mulets, elle est loin de valoir l'éducation du bétail à grosses cornes, au point de vue de l'importance et des bénéfices, mais elle n'est pas non plus, comme l'industrie ovine, presque abandonnée.

En jetant un coup-d'œil sur la population chevaline du département, on observe de prime abord une grande variété dans la physionomie de nos chevaux.

C'est un mélange en apparence hétérogène, de grands et de petits animaux de toute provenance, de de toutes formes, de toute aptitude.

Cependant, si l'on étudie avec attention, si l'on

analyse, si , en un mot , on cherche à y voir clair dans ce chaos, on peut facilement établir trois catégories bien tranchées.

La première est composée de chevaux nés et élevés dans la partie fertile du département. Ce sont des animaux à deux fins , qui ont en général de la taille , des formes sveltes, de l'énergie , mais quelques défauts , et dont la destination principale est la poste et l'armée , c'est-à-dire le trait léger et la selle On les connaît sous le nom de *chevaux du pays.*

La seconde catégorie se compose de chevaux originaires de la partie infertile du Lot-et-Garonne. Aptes également à deux fins, ils sont remarquables par leur petite taille , leur vigueur et leur tempérament robuste. Cette catégorie constitue véritablement une race à part sous le nom de *race landaise.*

Dans la troisième enfin , sont compris tous les chevaux étrangers au département, que le commerce amène de la Bretagne , du Poitou , de l'Ariége , de l'Allemagne, etc. Ces animaux à types divers forment la catégorie la plus nombreuse et fournissent pour la majeure part , à la consommation pour toute espèce de service , notamment pour l'attelage de luxe et le gros trait.

De cet examen rapide résultent déjà deux faits : le premier, c'est que les chevaux qui peuplent le département, n'offrent pas les caractères d'une race distincte ; le second, c'est que la population chevaline se renouvelle en grande partie par importation.

§ III. CHEVAUX DU PAYS.

Ces chevaux qui, avons-nous dit, ont de la taille
et de l'énergie fournissent des sujets très-bons quelquefois pour la cavalerie légère, les voitures publi-
ques, les malles-postes, les véhicules légers, et sont
assez recherchés aujourd'hui que les routes s'améliorent de plus en plus et que le tirage rapide remplace le tirage lent et la selle. Avant la distribution
territoriale de la France, telle qu'elle est établie de
nos jours, alors que le département de Lot-et-Garonne formait une partie du gouvernement de
Guyenne et Gascogne, ils étaient connus, avec ceux
de l'Armagnac, du Languedoc et du Querci, sous le
nom générique de *chevaux gascons*. C'étaient d'excellents chevaux, jouissant d'une certaine réputation,
se ressentant de leur origine orientale et portant tous
un cachet distinctif et particulier de race. [1]

·Depuis, les communications étant devenues très-

---

[1] « Les Gascons, dit l'auteur des Essais, d'après Monstrelet,
avaient des chevaux terribles, accoustumés de virer en courant, de
quoi les François, Picards, Flamands et Brabançons faisaient grand
miracle pour n'avoir accoustumé de le veoir. »
Dans le Dictionnaire d'Histoire naturelle, tome 6, page 362,
nous lisons que « la Guyenne possède une excellente race de chevaux,
recommandable par sa vigueur, sa souplesse, sa légèreté, et qui
se ressent encore de son origine espagnole. »
Le sang espagnol ou plutôt le sang oriental, ainsi que nous le dé-
montrerons plus loin, coulait dans les veines de ces chevaux *terribles*
qui *viraient en courant*, suivant l'expression de Montaigne.
A une époque bien antérieure, les chevaux du Midi de la France
devaient avoir des qualités remarquables, puisque, si l'on en croit

faciles et les transactions commerciales s'étant considérablement étendues, on a importé sans relâche des juments appartenant à des races diverses. Les produits se sont mélangés, l'harmonie a été détruite et le cachet s'est perdu.

De nos jours, le défaut d'uniformité dans ces chevaux du pays, rend leurs caractères distinctifs difficilement saisissables, ces caractères, taille, forme, figure, allures, variant avec les sujets.

Toutefois, malgré cette disparité, les chevaux du pays forment un groupe dont les individus sont assez facilement reconnaissables. Ils ont la croupe courte et le rein long, ce sont les défauts les plus sensibles qu'on leur reproche généralement; les membres antérieurs sont un peu fins, mais secs; les jarrets coudés portent souvent des jardons et des éparvins congéniaux, la tête est longue, un peu aplatie,

---

l'assertion du géographe Strabon, les Romains recherchaient, pour former des légions, les hommes et les chevaux de nos contrées.

César, dans ses Commentaires, fait en ces termes l'éloge de la cavalerie des Sotiates dont le territoire est aujourd'hui enclavé dans le canton de Mézin (Lot-et-Garonne.) *Cujus adventu cognito, Sotiates, magnis copiis coactis equitatuque, quo plurimum valebant, in itinere agmen nostrum adorti, primum equestre prælium commiserunt.*

Dans une lettre citée par M. de Villeneuve-Bargemont, (Recherches sur le lieu qu'occupait le peuple désigné par César sous le nom de Sotiates : *Mémoires de la Société d'Agriculture, Sciences et Arts d'Agen, second volume*), M. Pérès, ancien bibliothécaire de la ville d'Agen, assigne au mot *Sos* une étymologie dont la justesse, une fois admise, éluciderait en partie le récit de César. Il a trouvé que, dans la langue hébraïque, langue primitive et mère de toutes les autres selon lui, *sos* signifie cheval et *sose* cavalerie.

l'encolure grèle , l'œil petit , la poitrine parfois étroite mais haute.

Leur taille moyenne est de 1 mètre 50.

On peut se faire une idée exacte de la conformation de ces chevaux dans les foires d'Agen , de Tonneins , de Marmande , dans les exhibitions annuelles provoquées pour les distributions de primes et surtout dans les écuries de l'établissement de remonte d'Agen.

La remonte paie ces chevaux plus cher que le commerce ; elle prend les meilleurs au prix de 550 francs au moins et elle porte jusqu'à 800 et 1,000 fr. le prix des chevaux de tête. Si ces produits sont en petits nombre , car elle n'en achète guère que quarante chaque année dans le département , ils offrent des garanties de solidité qui les font apprécier favorablement dans les corps , lorsqu'ils ont acquis , à l'âge de six ans , toutes les conditions de force , de développement et de santé.

§ IV. — RACE LANDAISE.

La race landaise a un peu mieux conservé ses caractéres. On en devine la raison ; les Landes sont un pays à part dont le sol ne peut nourrir qu'une race de chevaux et se refuse , par conséquent , à toute importation.

Le cheval landais est connu par sa petite taille et sa résistance à la fatigue. Doué d'un tempérament essentiellement nerveux , il joint à une grande énergie une rare sobriété. Accoutumé à vivre de peu , il n'est pas délicat pour sa nourriture et il apporte néanmoins une incroyable ardeur au travail Les allures rapides et prolongées qui ruinent si vite les grands chevaux à, tempérament. plus ou moins lymphatique , ne peuvent rien sur sa constitution de fer. Aussi., a-t-on dit de lui qu'il fatiguait le cavalier avant de se fatiguer lui-même. On pourrait le caractériser d'un seul trait par ce vers d'un poète célèbre de notre époque : [1]

De nerfs et de tendons électrique faisceau ;

Tant il y a en effet en lui du nerf , du cœur, de la souplesse, tant ce corps presque chétif annonce une puissante organisation , héritage du sang méridional que lui ont légué ses ancêtres arabes.

On a fait observer avec raison que c'est une erreur de faire remonter au sang arabe l'origine de tous les chevaux qui ont avec ce type plus ou moins d'analogie. Il faut croire , en effet , que le cheval doit ses formes et sa constitution au sol et au climat qui le font naître , et que le cachet primitif de la race landaise est dû aux Landes elles-mêmes plutôt qu'aux croisements.

Toutefois on peut raisonnablement admettre que le sang oriental coule dans les veines des chevaux

[1] Barthélemy ; *les Journées de la Révolution.*

landais. L'histoire nous fournit la preuve de cette descendance.

Les Landes, en raison de leur stérilité, ont dû être habitées après les régions voisines, et ont tiré leurs chevaux de la Navarre, pays fertile et peuplé avant elles. Sous l'influence d'un climat nouveau et sur une terre ingrate, ces animaux ont été modifiés; et les modifications qu'ils ont subies ont été d'autant plus sensibles, qu'ils se sont plus éloignés des lieux d'où était sortie la souche paternelle.

Les meilleurs chevaux landais viennent, en effet, des parties de la Lande les plus rapprochées de la Navarre et de l'ancien Armagnac.

Maintenant d'où sortait la race chevaline élevée dans ces provinces ?

La solution de cette question importante a préoccupé les hippologues qui ont voulu chercher ailleurs que dans les caractères extérieurs ou dans les qualités, l'origine des chevaux du midi de la France. Des écrivains d'un haut mérite, Huzard et Grognier entr'autres, présument que l'Arabie fut leur berceau.

Qu'on nous permette quelques mots sur les événements qui légitiment cette assertion.

Au viiie siècle, les Maures, après avoir envahi l'Espagne, menacèrent au cœur la chrétienté en essayant la conquête de la France. Leurs cavaliers montaient des chevaux tirés des déserts asiatiques et des plages africaines. Ecrasés par Charles Martel, ils laissèrent dans leur fuite quelques-uns de ces magnifiques animaux, noble colonie qui donna naissance, par un mélange avec les juments indigènes, à des chevaux dont les qualités trahirent le sang oriental, et qui reçurent, selon les localités, les noms de Limousins, Auvergnats, Navarrins, etc.

Mais ces derniers eussent disparu avec le temps, à la suite d'une dégénération inévitable. Pour les conserver et les retremper en quelque sorte, il fallait de nouveaux reproducteurs émanés du type primitif.

Un grand déplacement de peuples occasionné par d'autres guerres amena ces reproducteurs quatre siècles plus tard.

On devine que nous voulons parler de l'époque des Croisades. Ce fut, en effet, pendant que les princes chrétiens régnèrent en Orient qu'un grand nombre de chevaux arabes furent importés en Europe. [1] « Les croisés, est-il dit dans le Dictionnaire du commerce [2], introduisirent en Europe une quantité de chevaux qui exercèrent une grande influence sur l'amélioration des races européennes. »

C'est du cheval oriental que le bidet landais tient ses qualités brillantes, sa tête petite et carrée, son œil vif et intelligent, sa crinière soyeuse, son garrot saillant, ses articulations larges, son pied solide.

---

[1] Grognier. *Cours de multiplication.*
[2] Edition Guillaumin.

Mais la dégénération s'est fait sentir chez lui, on le voit dans les imperfections qui l'ont frappé. Il a la taille petite, l'encolure fausse, le poitrail étroit, la croupe oblique. Ces défauts qui font quelquefois du cheval landais un cheval disgracieux, ne nuisent en rien à son infatigable pétulance, et ne l'empêchent pas de rendre d'excellents services.

La taille des chevaux landais est de 1 mètre 10 à 1 mètre 30. Les foires où on les trouve en plus grand nombre sont celles de Durance, Saint-Justin, l'Erm, Bretagne, etc. ; leur prix ordinaire est après le hongrage, à l'âge de deux ou trois ans, de 100 à 200 fr.

Il est à remarquer que achetés à cet âge et bien nourris dans les nouvelles localités où ils sont transportés, ces animaux se développent bien et grandissent beaucoup plus que s'ils étaient restés dans leur première patrie, tant est grande l'influence d'une riche alimentation. Il en est de même lorsqu'on leur donne, en les élevant, un supplément de nourriture au pâturage qui est généralement leur seule ressource. Quelques propriétaires, en très-petit nombre, il est vrai, leur donnent de l'avoine Nous ne saurions trop les en louer. Cette graminée si précieuse pour l'alimentation des chevaux, se cultive bien dans les Landes. On la fait consommer dans l'épi sans l'égrener. Les animaux qui reçoivent ainsi dès leur jeunesse du grain, soit avoine, soit maïs, du son où de la farine de seigle, acquièrent plus de taille et se vendent mieux. Ils reçoivent le nom de *doubles bidets*.

§ V. — CHEVAUX IMPORTÉS.

Parmi ces derniers sont compris tous les chevaux étrangers à la France ou au département.

Ainsi, les chevaux allemands dont la taille est de 1 m. 55 c. en moyenne, qui ont un peu de brillant et peu de solide, sont achetés pour attelages et sont payés comme tels, de 1,000 à 1,200 francs l'un. Ces animaux sont très-doux, précoces, peuvent servir à quatre ans et sont parfaitement dressés à cet âge C'est là leur principal, peut-être leur unique mérite, car ils n'ont ni vigueur, ni résistance pour la plupart ; ils ont la croupe mal faite, le rein long, les membres grêles, et sont usés généralement après quatre ou cinq années de service. De cette race, les marchands amènent surtout des juments qui finissent en partie par être livrées à la reproduction.

Viennent ensuite les chevaux bretons, saintongeois, poitevins, que l'on vend 600 fr. en moyenne, pour le hallage, le roulage, etc.

Ces races, de même que celles de l'Ariége, des Pyrénées, de l'Auvergne, etc, qui fournissent au département des chevaux pour divers services, fournissent également des juments que nos agriculteurs font reproduire.

C'est, avons-nous dit, cette circonstance d'une importation continuelle de poulinières étrangères qui s'opposera toujours à ce qu'il puisse se créer dans le Lot-et-Garonne une race constamment uniforme, possédant des caractères spéciaux et fixes. Comment pourrait-il en être autrement, puisque tous les jours des croisements nouveaux viennent rompre l'uniformité et détruire l'harmonie.

Mais il ne faut pas néanmoins trop se plaindre d'une importation avantageuse par ce double motif qu'elle est la source toujours active de bêtes de service qui nous manquent, et de bêtes de reproduction dont nos éleveurs tirent parti pour la fabrication du cheval et surtout du mulet. Pour ce dernier emploi, les juments bretonnes et poitevines ont une conformation qui convient mieux en effet que celle des juments tirées de la race du pays.

§ VI. — STATISTIQUE.

Les documents que nous avons recueillis portent de 13 à 14,000 le nombre de têtes composant la population chevaline dont nous venons de faire connaître les divisions et les caractères.

Le tableau ci-joint présente le résumé aussi exact que possible de la Statistique chevaline du Lot-et-Garonne :

DÉPARTEMENT DE LOT-ET-GARONNE.

STATISTIQUE DE LA POPULATION CHEVALINE.

Arrondissement d'Agen.			Arrondissement de Nérac.		
CANTONS.	Chevaux et Juments de 5 ans et au-dessus.	Poulains et Pou-liches.	CANTONS.	Chevaux et Juments de 5 ans et au-dessus.	Poulains et Pou-liches.
Agen.	778	36	Casteljaloux . . .	308	58
Astaffort	371	24	Damazan	418	36
Beauville	264	7	Francescas	287	26
Laplume	278	30	Houeillès	270	195
Laroque	253	17	Lavardac	453	54
Port-Ste-Marie . .	413	44	Mézin	569	77
Prayssas	330	18	Nérac	481	57
Puymirol	452	63			
TOTAL	3,139	239	TOTAL	2.786	503

Arrondissement de Villeneuve.			Arrondissement de Marmande.		
CANTONS.	Chevaux et Juments, etc.	Poulains et Pou-liches.	CANTONS.	Chevaux et Juments, etc.	Poulains et Pou-liches
Cancon	309	44	Bouglon	258	32
Castillonnès . . .	239	22	Castelmoron . . .	254	92
Fumel	268	23	Duras	281	28
Monclar	297	49	Lauzun	301	30
Monflanquin . . .	384	70	Marmande	604	49
Penne	394	52	Le Mas	280	50
Sainte-Livrade .	203	38	Meilhan	285	52
Villeneuve	484	56	Seyches	327	28
Villeréal	297	27	Tonneins	553	29
TOTAL	2,875	381	TOTAL	3,143	390

La récapitulation des chiffres de ce tableau donne pour résultat 11,943 chevaux ou juments de cinq

2

ans et au-dessus , et 1,513 poulains ou pouliches , en tout 13,456 têtes.

En évaluant à 400 francs par tête , en moyenne, la valeur des animaux adultes , et à 200 francs celle des poulains ou pouliches , on arrive à un total de 4,777,200 fr. pour les premiers et à 302,400 fr. pour les seconds.

La population chevaline du département représente donc un capital de 5,079,600 francs, tandis que le capital représenté par l'espèce bovine s'élève à 24,904,512 francs.

CHAPITRE DEUXIÈME.

De l'Élève du cheval dans le Lot-et-Garonne. -- Causes de l'infériorité relative de cette industrie. -- Élevage préféré du Mulet et
du Bœuf. -- Mauvais choix des Poulinières. -- Indications à
suivre à cet égard. -- Impéritie dans l'élevage. -- Nécessité de
le mieux pratiquer et surtout de le diviser. -- Espèce de chevaux qu'il convient d'élever.

§ I. — ÉLEVAGE.

L'élève du cheval est encore en retard dans le
Lot-et-Garonne, comme dans la plupart des départements méridionaux. On consacre à la reproduction trop de juments vieilles ou tarées ; la nourriture est distribuée avec parcimonie, et l'éducation des
poulains est peu comprise et mal pratiquée. Le petit
cultivateur a peu de goût pour cette industrie, et les
grands propriétaires, découragés par l'indifférence

de leurs colons, ne tournent point de ce côté leur intelligence et leurs ressources.

Cet état de choses résulte évidemment de deux causes puissantes.

La première est l'emploi comme moteur à peu près exclusif, dans les exploitations rurales, de l'espèce bovine qui forme depuis longtemps la principale richesse et qui sera l'une des gloires du pays essentiellement agricole que nous habitons.

La seconde est l'importance de l'industrie mulassière, industrie qui prend chaque année les meilleures juments, qui est féconde en bénéfices réels et vite réalisés, et qui, à ce titre, mérite, si non d'être encouragée, elle n'en a pas besoin, du moins approuvée, car elle est, nous l'avons dit, plutôt congénère que rivale de l'industrie chevaline.

Tous les ans l'importation introduit en France 16,000 chevaux environ. En portant le prix de chaque cheval à 700 francs, c'est 11,200,000 francs qui passent annuellement à l'étranger et qui pourraient rester dans les mains de nos cultivateurs.

Pour que cette somme énorme nous demeurât, les éleveurs n'auraient pas besoin d'être plus nombreux, mais plus instruits. La France possède environ 2,800,000 chevaux ; il en naît chaque année à peu près 250,000, ce n'est donc pas la quantité qui fait défaut, c'est la qualité. Ce qui manque à nos produits, c'est le mérite, et l'importation cesserait à coup sûr, si les éleveurs actuels suivaient de bons principes d'élevage, de manière à pouvoir offrir au commerce et à l'armée un plus grand nombre de produits meilleurs que par le passé. [1]

Pour élever avec succès, a-t-on dit fort judicieusement, il faut surtout avoir une souche de bonnes poulinières de race constante et homogène ; leur absence est, en fait d'élevage, le plus grand de tous les écueils. Or, cet écueil se fait remarquer chez nous. Au lieu d'une souche unique de poulinières, nous en avons de souches bien diverses. Ce défaut d'homogénéité vient de ce que, en général, les producteurs n'achètent pas les juments pour en obtenir

---

[1] Jusqu'ici en effet les achats annuels opérés dans le département par le dépôt de remonte d'Agen ne se sont élevés en moyenne qu'à quarante chevaux. Ce chiffre est bien minime relativement à la population chevaline du département et au nombre de produits qu'il élève. Dans nos recherches statistiques nous avons compté environ 1,500 poulains ou pouliches, sur 13,500 têtes. Si la remonte ne trouve pas plus de trente à quarante chevaux à acheter, c'est que, indépendamment de la grande cause signalée, l'impéritie dans l'élevage, il arrive qu'un grand nombre de propriétaires n'attendent pas pour vendre leurs chevaux qu'ils aient atteint l'âge exigé par la remonte et que en outre il y a beaucoup de produits qui, faute d'une nourriture abondante, n'atteignent pas la taille requise.

Il faut dire aussi que les juments changent de maître souvent plusieurs fois avant ou après la mise-bas, et que mère et produit sont transportés hors du département. Cette exportation diminue le nombre des productions indigènes. Nous savons de source certaine que des marchands achètent de jeunes produits et les meilleurs dans le Lot-et-Garonne, pour les amener dans la plaine de Tarbes, où ils sont élevés pour être vendus ensuite comme chevaux navarrins. Il est inutile d'ajouter que les connaisseurs savent parfaitement faire la différence. Du reste cette exportation prouve assez que le département peut donner de bonnes productions, que si les bonnes sont encore en trop petit nombre, ce nombre peut et doit augmenter, et s'il y a en général insuccès, il n'y a pas du moins impuissance.

des fruits, mais pour leur demander du travail, et qu'alors ils choisissent, pour leur service, celles qui sont le mieux à leur convenance, peu leur importe la race. Ce n'est qu'après de longues années de labeurs et de fatigues qu'elles sont consacrées à la reproduction. On agit à cet égard comme à l'égard des bœufs qu'on livre à la boucherie lorsqu'ils ont vieilli à creuser des sillons.

§ II. — CHOIX DES POULINIÈRES.

Ce sont là autant de circonstances défavorables pour la prospérité de l'industrie. Il ne reste aux agriculteurs qu'un moyen d'en prévenir les conséquences, c'est de faire un triage intelligent au milieu de toutes ces juments disparates et tarées, de manière à assortir le mieux possible les accouplements.

Il faudrait que les producteurs fussent bien persuadés que les qualités du poulain dépendent en grande partie des qualités de la mère, et que celle-ci exerce une influence incontestablement très puissante sur la conformation et l'organisation du produit qui se nourrit, se moule et se développe durant une année entière dans ses flancs.

« Beaucoup de personnes, a dit M. Fouquier « d'Hérouel, croient que toutes les juments sont « bonnes pour la reproduction et qu'il suffit de leur « donner un étalon de mérite pour en obtenir des

« poulains qui auront ou à peu près la valeur de
« leur père, et lorsqu'on s'aperçoit de son erreur,
« que d'un accouplement sans harmonie, sans rap-
« port, on n'a obtenu qu'un cheval décousu qui ne
« vaut pas la moitié de ce qu'il a coûté, au lieu de
« reconnaître que ce fâcheux résultat provient du
« mauvais choix de la jument, on en rejette toute
« la faute sur le père, etc... » [1]

Chez nous, des exemples manifestes sont venus
démontrer les funestes conséquences du système
condamné par M. Fouquier d'Hérouel Non seulement en livrant à l'étalon toute sorte de juments,
on a eu des produits décousus, mais encore il est
arrivé souvent qu'en faisant saillir, pendant plusieurs années consécutives, des juments trop âgées,
celles-ci sont restées infécondes.

Notons que cette dernière circonstance frappe plus
que toute autre le producteur. S'il obtient un produit,
si mauvais qu'il soit, c'est toujours quelque chose,
il se tient pour satisfait; mais s'il n'en obtient pas
du tout, la déception qu'il éprouve est pour lui un en-
seignement et il cherche à s'éclairer sur les causes
qui l'ont amenée.

Nous connaissons plusieurs propriétaires qui aver-
tis par des hommes compétents, et notamment par
certains de nos confrères, ont repoussé les juments
vieilles et ont acheté, dans le but d'en faire des pou-

---

[1] *Le Cultivateur*, numéro de décembre 1847.

linières, des bêtes jeunes et parfaitement capables de donner de bonnes productions.

C'est déjà quelque chose que d'avoir à enregistrer de tels exemples. Ces résultats sont un commencement de progrès. Le difficile est d'obtenir les premières améliorations; mais une fois la voie ouverte, il est rare que la foule ne se décide pas à s'y engager. [1] Dès que certains producteurs écoutent et suivent les bons avis qui leur sont donnés, il n'est pas douteux qu'il ne s'en rencontre un grand nombre également disposés à les écouter et à les suivre tôt ou tard.

Dans le nombre de juments si diverses qui sont livrées à la reproduction, il est nécessaire d'opérer un premier triage.

Que les plus communes, les plus massives, les plus défectueuses, celles qui ont les yeux petits, la croupe avalée, le ventre volumineux, les pieds grands, les membres gros et chargés de crins, soient accouplées avec le baudet. Ces juments, qui avec nos étalons produiraient de mauvais chevaux, feront les plus beaux et les meilleurs mulets.

---

[1] C'est avec une extrême lenteur qu'elle s'y engage. Nous entendons bien souvent encore des propriétaires dire : « S'il arrive quelque accident à ma jument, je la ferai produire ; si elle devient boiteuse, aveugle ou poussive, je la ferai produire ; quand elle ne pourra plus aller, je la ferai produire. » Et ils font comme ils le disent. Ils trouvent qu'il est dommage de transformer une belle jument en poulinière. Mais ils ne prennent pas garde, en agissant de la sorte, qu'ils sont dupes de ce raisonnement peu en harmonie avec les lois naturelles de la reproduction des espèces.

Après ce triage, il convient d'en faire un second : il faut expulser rigoureusement les vieilles juments. En général, les bêtes que l'on conduit aux étalons, pêchent plutôt par excès que par défaut d'âge. Il n'est pas rare d'en voir qui ont dépassé quinze ans. C'est un vice qui amène un double inconvénient. Les propriétaires s'exposent à des déceptions certaines, car ces juments sont presque toujours stériles, et en outre, elles épuisent les étalons au détriment des jeunes poulinières. Il n'est donc pas de l'intérêt des propriétaires d'essayer de faire porter pour la première fois des femelles trop âgées. Nous devons naturellement faire exception en faveur de celles qui ont commencé à produire dès leur jeunesse, et qui donnent des fruits jusqu'à un âge fort avancé.

Les inconvénients sont bien autrement graves si on fait saillir des bêtes trop jeunes, ce qui, du reste, est plus rare. Nous avons vu cependant des propriétaires soumettre à la saillie des pouliches de deux ans. Or, il est prouvé que des bêtes de cet âge, n'ayant pas acquis tout leur degré de croissance, donnent naissance à de mauvais produits, leur développement contrarie celui de leur fruit; leur bassin peu évasé se prête mal à l'extension progressive de ses organes; elles mettent bas difficilement, sont chatouilleuses et mauvaises nourrices.

A part le défaut ou l'excès d'âge, il est des vices qui doivent faire exclure les juments de la reproduction. Les propriétaires comprendront, en effet, que toutes celles qui ont un mauvais tempérament, une constitution tarée, des maladies anciennes de poitrine, donnent des chevaux non seulement mauvais pour le service, mais encore mauvais pour la vente (Huzard).

Parmi les maladies dont toute poulinière devrait être exempte, il en est une, la fluxion périodique des yeux, qui est réputée héréditaire et qui ôte aux poulains toute valeur.

Les juments atteintes de cette affection doivent être réformées, ou tout au plus réservées pour la production des mules ; celles-ci sont moins exposées à cette affection. D'ailleurs elles sont ordinairement vendues pour l'Espagne où le mal se déclare plus rarement qu'en France.

Toutes les juments qui portent aux membres des tumeurs osseuses congéniales et héréditaires, telles que formes, courbes, jardes, éparvins, seront rejetées également. Ces défauts portent un très grand préjudice à la vente des produits.

A l'égard de la pousse, il existe un préjugé dont beaucoup de producteurs sont imbus. Ils croient que cette maladie se guérit ou tout au moins diminue d'intensité par la fécondation ; aussi les juments poussives sont-elles conduites en foule à la saillie.

Le motif de cette croyance, car toute croyance a son motif, nous l'ignorons. Ce ne peut être l'expérience, puisque tous les jours nous voyons des juments poussives saillies, fécondées, mettre bas et rester poussives ; puisque nous en voyons d'autres chez lesquelles la pousse augmente pendant la gestation et à mesure que grossit le fœtus : cela s'explique très-bien par la compression exercée sur le poumon et par la gène qui s'en suit dans l'acte respiratoire. Au surplus, en aurions-nous vu quelqu'une guérir à cause de la fécondation, ou plutôt malgré la fécondation, nous persisterions à penser qu'une bête fortement poussive est impropre à la reproduction, et nous conseillerions aux producteurs de la repousser.

Nous leur ferons toutefois une concession à l'égard de celles chez qui la pousse n'a pas acquis un degré excessif. Cette maladie n'est pas héréditaire ; les juments qui deviennent poussives sont généralement bonnes, et celles qui commencent à le devenir vers sept ou huit ans peuvent faire d'excellents produits.

En somme, nous dirons à celui qui possède une jument à formes massives : gardez-la pour le baudet ; à celui qui possède une bête poussive outrée, ou fluxionnaire, ou malade, ou fâcheusement tarée : ne la livrez pas à la reproduction, vendez-la ; mais à tous, nous leur dirons : Ayez de bonnes poulinières ; elles ne coûtent pas plus à nourrir que les rosses, et elles promettent des bénéfices sur lesquels on peut compter.

Il faut que les producteurs s'attachent surtout à garder pour la reproduction les pouliches nées chez eux et améliorées, au lieu de les vendre comme ils le font généralement. Ce serait le moyen de peupler le pays d'une souche d'excellentes poulinières qui réagiraient de la manière la plus favorable sur l'amélioration de nos chevaux.

Si déjà, depuis long-temps, nos éleveurs n'ont pas cherché à perfectionner leur méthode d'élevage, c'est qu'ils vendaient mal leurs poulains, qu'ils avaient trop de chances fâcheuses à courir et qu'ils réalisaient trop tard les bénéfices ; et il y a eu une tendance marquée vers la production des mulets et l'industrie bovine.

Cette tendance est loin d'être condamnable. Ces industries ne sont-elles pas en effet deux sources de plus où s'alimentent nos richesses agricoles ? Nous voudrions seulement que l'éducation du cheval ne fût pas négligée. Cette industrie doit marcher de front avec les autres, car elle peut, elle aussi, concourir à la fortune du pays.

Les éleveurs n'ont pas compris que s'ils ont peu et mal vendu leurs poulains, ils ne doivent en accuser qu'eux-mêmes et la médiocrité des produits qu'ils ont offert au commerce. S'ils ne les ont pas obtenus avec des garanties de bonté désirables, c'est parce que, ainsi que l'a dit avec raison un de nos confrères, l'ignorance, l'incurie, une mesquine économie, ont toujours ou presque toujours présidé à la reproduction des chevaux dans notre département. Il fallait faire de bons accouplements, choisir judicieusement les poulinières au lieu de livrer au premier

---

' M. Bouissy, vétérinaire au dépôt d'étalons de Villeneuve-sur-Lot. (*Mémoires de la Société vétérinaire de Lot-et-Garonne*, 6e série.)

étalon venu de mauvaises et défectueuses cavales,
surtout nourrir convenablement les produits, et alors
ces produits au lieu d'être faibles ou mauvais, infé-
rieurs aux mulets et vendus à vil prix, auraient
réuni les qualités voulues, pris un heureux développement et, en définitive, acquis une valeur bien supérieure à celle des mulets.

§ III. — DIVISION DE L'ÉLEVAGE.

Il serait précieux d'obtenir un pareil résultat. Mais
les indications à suivre pour y arriver, c'est-à-dire
prendre garde aux accouplements, soigner les produits, leur donner une bonne nourriture, ces indications ne peuvent être remplies qu'à la condition de
diviser l'élevage. Il faudrait que le propriétaire qui
fît naître ne se chargeât point d'élever. C'est une
double tâche trop coûteuse. — Il y a bien rarement
avantage, bénéfice à produire et à élever en même
temps. [1] — Les producteurs et les éleveurs doivent
être absolument distincts les uns des autres. Les
poulains devraient être vendus immédiatement après
le sevrage et élevés par des propriétaires qui n'auraient pas de poulinières.

Cette méthode, qui permet une grande économie
de temps et d'avances, tend à se généraliser dans le
département. Beaucoup de propriétaires achètent,

---

[1] Journal des Haras.

pour les élever des poulains de six mois à un an.
Ces produits ne naissent pas tous dans le Lot-et-Garonne. Il en vient du Tarn-et-Garonne, des Landes,
du Gers et du Lot. ¹ Quelques éleveurs font venir
du Limousin de jeunes produits qui leur sont vendus par la Société d'encouragement de Pompadour.

L'amélioration de l'espèce chevaline marcherait
avec ces trois conditions fondamentales : la division
dans l'élevage, le choix des poulinières et la bonne
nourriture.

Malheureusement, nous l'avons vu, ce sont des
conditions contraires qui ont présidé et qui président
encore chez la plupart des éleveurs, au renouvelle-
ment de l'espèce. Les possesseurs de juments ne
consultent que l'occasion, que la commodité dans le

---

¹ Dans le département du Gers, à Lectoure, chef-lieu de sous-pré-
fecture, situé sur les limites de ce département et de l'arrondissement
d'Agen, il se tient tous les ans, le 11 novembre, une très belle foire,
dite de la Saint-Martin, où se donnent rendez-vous les producteurs et
les éleveurs des contrées environnantes. Nous pourrions citer des communes des environs d'Agen, qui ne comptent pas un seul propriétaire producteur, et qui enlèvent, tous les ans, à cette foire, de 20 à
25 poulains, de 6 mois à 2 ans, qui sont élevés chez des agriculteurs
aisés.

La réunion commerciale de Lectoure, où l'on trouve beaucoup de
poulains, est néanmoins plus abondamment fournie de mules et de
juments mulassières. L'Espagne vient chercher là beaucoup de mulets
que leur vendent les éleveurs du Gers et de Lot-et-Garonne, à l'âge
de deux ans. Les jeunes mules de six mois y sont d'une vente très
facile. Leur prix est de 300 fr. en moyenne. Elles sont achetées en
grande partie par des propriétaires de l'Agenais, qui les élèvent dans
les plaines de la Garonne et du Lot. Ils les gardent jusqu'à ce qu'elles
aient atteint l'âge de deux ans, et les ramènent alors à la même foire
où ils les vendent de 6 à 700 francs.

choix de l'étalon, soit baudet, soit cheval, auquel ils
livreront leurs poulinières. Les convenances de l'appareillement les préoccupent fort peu. En général,
leur but est de se défaire avantageusement d'une bête
qui a fourni sa carrière de travail, et pour cela ils
veulent la vendre pleine. Peu leur importe le père
et le produit. [1]

§ IV. — ESPÈCE DE CHEVAUX QU'IL CONVIENT DE PRODUIRE ET D'ÉLEVER.

Si parmi ceux qui gardent les élèves, beaucoup
sont fixés relativement à la préférence à accorder au
baudet, c'est à cause de la vente facile des mules,
vente qui permet d'obtenir très vite des bénéfices
assurés. Quant aux producteurs de chevaux, peu ou
point se sont sérieusement demandé s'il fallait chercher à produire un cheval de trait, ou un cheval de
selle, ou un cheval à deux fins, en un mot quelle
était l'espèce qu'il convenait d'élever, eu égard à la
nature du climat, au mode de nourriture et à la facilité des débouchés.

« La première chose à faire, lorsqu'on veut se livrer

[1] Ce fait est si vrai et si constant dans plusieurs départements du
Midi, que nous avons vu des propriétaires, sous prétexte de ne rien
négliger pour obtenir la fécondation de leurs juments, les faire saillir par le cheval et ensuite par le baudet, et plus souvent par le baudet d'abord. Il est arrivé que des juments ont mis au monde à la fois
un poulain et un mulet. Nous avons recueilli trois cas de semblable
superfétation, qui ont été publiés dans le 8e volume du Journal des
Vétérinaires du Midi.

à l'élevage du cheval, dit un auteur,[1] est de calculer quel est le genre de produits qui peut convenir à la localité............ Agir différemment serait vouloir lutter contre la nature et se créer des difficultés qu'on ne parviendrait à vaincre qu'avec beaucoup de temps , beaucoup de peine et surtout beaucoup d'argent , et encore serait-on exposé à ne pas réussir. »

Nous avons , en commençant, fait le tableau des races de chevaux qui peuplent le département. Nous les avons montrées avec leurs formes, leurs caractères, leurs aptitudes, leurs variétés. Nous avons signalé deux types indigènes et indiqué plusieurs types étrangers.

Quel est donc celui de ces types que le producteur prendra pour modèle ? Devra-t-il tendre à faire de préférence le cheval de selle comme le limousin , ou le cheval de trait comme le breton , ou le cheval de luxe et d'attelage comme l'allemand, ou le cheval à deux fins ? A la production de quelle espèce l'engagent son intérêt, sa position, ses ressources ?

Et d'abord, ses ressources, sa position, son intérêt s'opposent à ce qu'il élève des chevaux de gros trait.

Pour élever ce genre de chevaux , il faut deux conditions :

Premièrement, une nourriture abondante ;

---

[1] Journal des Haras, vol. 44, page 125.

Secondement, la possibilité de faire travailler de bonne heure au labour les jeunes produits.

Or, dans notre pays, l'agriculture n'employant que les bœufs, les jeunes bêtes de trait ne seraient pas employées au labour, et alors, difficilement utilisée, leur jeunesse improductive deviendrait onéreuse au lieu d'être une source de bénéfices. Le travail des chevaux communs, dès leur jeune âge, est la condition essentielle de leur élève ; sans lui, ils coûteraient trop à produire et ils se vendraient trop peu. De plus, ce travail paye la nourriture abondante qu'il faut leur prodiguer pour satisfaire aux exigences d'une croissance rapide.

Ils ne trouveraient pas d'ailleurs chez nos éleveurs cette alimentation copieuse.

Le climat que nous habitons produit une végétation moins abondante que substantielle, moins volumineuse que nutritive, et ne permet pas conséquemment l'élève des gros chevaux, comme dans certaines régions de la France où les fourrages composés de plantes très développées et fortement imprégnées d'eau de végétation peuvent et doivent être abondamment distribués. Cette différence explique pourquoi le Midi fournit surtout les races légères, limousine, auvergnate, navarrine, landaise, tandis que dans le Nord s'élèvent plus particulièrement les fortes races, comme la flamande, la bretonne et la boulonnaise.

S'ils ne peuvent pas élever des chevaux communs, les producteurs doivent-ils faire des chevaux

3

fins ? Pas davantage, parce que ces derniers sont plus difficiles à produire et à vendre, que leur élevage est trop coûteux, qu'il faut attendre trop longtemps les bénéfices, et qu'enfin, en attendant, les accidents imprévus peuvent amener des déceptions et détruire les espérances de l'éleveur.

Mais entre ces deux extrêmes il y a un milieu et c'est ce milieu qu'il faut atteindre. Ce qu'il faut s'attacher à produire avant tout, ce sont des chevaux dont l'élève réunisse tous les avantages des chevaux communs, et évite les inconvénients qui s'attachent à la fabrication des chevaux nobles ; c'est-à-dire assez rustiques pour pouvoir être élevés sans trop de précautions, assez fins pour pouvoir servir à la selle et assez fortement constitués pour pouvoir être employés au trait léger, en un mot des chevaux à deux fins dont le bon cheval du pays constitue le véritable type.

Voilà ce qu'il faut produire, voilà des chevaux devant lesquels s'ouvriront toujours des débouchés certains. Il n'y en a même pas assez pour remonter l'armée, pour le service des malles-postes, des diligences, et pour cette foule de voitures particulières dont l'usage est devenu si commun depuis que les routes, de jour en jour améliorées, font renoncer à l'usage de la selle pour celui des légers véhicules.

Ce sont bien les chevaux de ce modèle que l'on produit dans le département, mais, nous l'avons dit, la majorité de ces produits est de qualité médiocre.

Le double but à atteindre est de produire *beau-*

coup de *bons* chevaux , et, pour arriver là , il faut nécessairement mettre en pratique les indications rationnelles conseillées par la science, sanctionnées par l'expérience, et à l'action desquelles on a donné le nom d'*amélioration*.

Les propriétaires éleveurs peuvent beaucoup pour cette amélioration. Leur intérêt exige qu'ils ne négligent rien pour l'obtenir, et ils l'obtiendront s'ils mettent en œuvre avec zèle et intelligence les principes d'élevage que des hommes spéciaux travaillent à leur enseigner. Ces principes ne les mèneront pas d'emblée au perfectionnement, mais ils les enseigneront à y marcher pas à pas, ce qui vaut mieux. On le sait, ce ne sont pas ceux qui marchent le plus vite qui arrivent le plus sûrement au but. C'est surtout dans la poursuite des améliorations qu'on peut s'en convaincre et que se justifie l'épigraphe placée en tête de ce travail : *Nihil per saltus,* rien ne se fait que peu à peu.

CHAPITRE TROISIÈME

Influence que les croisements ont exercée jusqu'ici sur l'espèce du Cheval, dans le département de Lot-et-Garonne. -- Dépôt d'Étalons de Villeneuve-sur-Lot. -- Action de ce dépôt sur la production et sur l'amélioration. -- Quel est le type de reproducteurs qui convient le mieux à notre pays, comme à tous les départements du Midi placés dans les mêmes conditions agricoles ?

---

§ I. — DÉPOT D'ÉTALONS

Depuis longtemps on a reconnu la nécessité d'ouvrir une voie de progrès à l'industrie chevaline en donnant aux producteurs la facilité de produire et le moyen de perfectionner celles de nos races de chevaux qui ont besoin d'amélioration. On a essayé d'arriver à cette double fin par la distribution d'étalons et par le croisement.

Le croisement a commencé à s'opérer sur l'espèce

chevaline du département lors de l'établissement du dépôt d'étalons de Villeneuve. Il s'est toujours continué depuis, et nous pouvons aujourd'hui en constater les effets; nous pouvons établir si on est parti d'un bon ou d'un mauvais principe, et si les conséquences ont été favorables ou funestes à l'industrie chevaline.

La fondation du dépôt d'étalons de Villeneuve remonte à 1806, époque de la réorganisation des Haras par Napoléon. Supprimé en 1832, il fut rétabli au commencement de 1845, peu de temps après que l'on eut créé à Agen une succursale de remonte. Du même coup, l'administration supérieure fournissait au département le principal élément de production d'une part et un important débouché de l'autre

Le dépôt dessert deux départements. il compte en ce moment trente chevaux qui, à l'époque de la monte, sont répartis dans diverses stations. Vingt étalons sont affectés au département de Lot-et-Garonne et dix au Tarn-et-Garonne. [1]

A part les étalons de l'Etat, il en existe d'autres dans le Lot-et-Garonne. Ce département compte un étalon approuvé, conformément à l'arrêté du 27 octobre 1847 du ministre de l'agriculture et du commerce. — D'autres étalons ne sont ni approuvés, ni

---

[1] Dans le Lot-et-Garonne, en 1849, les étalons sont répartis dans huit stations, savoir : A Agen, deux; à Nicole, deux; à Veilhan, quatre; à Miramont, deux; à Villeneuve, trois; à Villeréal, deux; à Sos, trois; à Damazan, deux.

autorisés Ils se trouvent dans les haras de baudets.
Ce sont des chevaux communs, d'un bas prix et d'un
mauvais choix en général Dans ces haras ils ne servent pas seulement de boute-en-train ; ils ont une
autre destination qui n'est pas sans importance. Les
producteurs de mulets en possession d'une jument
mulassière qui vieillit la font saillir par ces étalons
dans l'espoir d'obtenir une pouliche qui remplacera
la mère pour le même but. [1]

Si les haras nationaux ne fournissaient pas des
sujets, l'industrie chevaline ne trouverait pas d'autres étalons que ceux-là. Avoir des étalons légers
propres au pays, pour produire des chevaux à deux
fins convenables, ce n'est pas dans les mœurs de nos
agriculteurs, ni dans les habitudes, consacrées par
l'intérêt, des détenteurs de baudets.

Quoique le rétablissement du dépôt d'étalons date
de cinq années seulement, son influence sur la production s'est déjà fait efficacement sentir.

---

[1] Voici le nom des localités où se trouvent des baudets et des chevaux étalons non autorisés :

A Agen, un baudet; à Puymirol, un ; à Penne, trois; à Monflan-
quin, un ; à Saint-Léon, un ; à Calonge, un ; à Saint-Martin, un ;
à Cocumont, un; à Marmande, un baudet, un cheval ; à Roussanes,
cinq baudets, deux chevaux; à Moncrabeau, un baudet ; à Saumé-
jean, un ; à Casteljaloux, un ; à Francescas, trois baudets, un cheval; à Bruch, trois baudets ; à Nérac, deux baudets, un cheval; total,
27 baudets, 5 chevaux.

Ajoutons que plusieurs communes des arrondissements d'Agen et de
Nérac, voisines du département du Gers, conduisent leurs juments
mulassières aux haras de baudets de Condom et de Lectoure.

En effet , un vide manifeste dans la production a été constaté pendant l'intervalle de treize
années qui a séparé la suppression du dépôt de
son rétablissement. Durant ce laps de temps, feu
M. Bareyre , dans ses relevés statistiques, n'a jamais compté plus de trois cent cinquante à quatre
cents juments saillies annuellement. Ce nombre
a plus que doublé depuis 1845 , et la production
monte au niveau qu'elle avait avant 1832. Il devait
en être ainsi , l'industrie particulière n'avait rien mis
à la place des étalons disparus, et ce qu'il faut donner
avant tout aux possesseurs de juments , c'est la facilité de produire. Ils produiraient d'autant plus qu'ils
auraient plus d'étalons à leur disposition.

C'était le haras de Libourne qui fournissait alors
au département quelques étalons répartis dans trois
stations. L'une de ces stations était placée à Tombebœuf, très-petite commune de l'arrondissement de
Villeneuve , mais centre d'un cercle étendu de production Cette circonscription fournissait tous les ans
une foule de poulains et comptait non seulement des
producteurs, mais encore de nombreux éleveurs. Par
suite d'un remaniement obligé dans la distribution
des stations , celle de Tombebœuf a été supprimée.
Depuis, les officiers de remonte n'y trouvent plus un
seul cheval. La production s'est retirée de ce point
et s'est portée autour des stations nouvelles

On cite plusieurs contrées de la France où la présence des étalons de l'Etat a tout à coup ravivé la
production éteinte ou donné l'impulsion à l'industrie

méconnue. Dans le journal d'Agriculture pratique, numéro de décembre 1847, M. Jules Rieffel parle du bien produit sous ce dernier rapport, dans l'arrondissement de Châteaubriand, où, dit-il, l'élève des chevaux était jusqu'à ce jour à l'état de mythe.

Deux conséquences découlent de ces faits.

La première, c'est que les produits sont plus nombreux aux environs des stations que dans les localités où les propriétaires n'ont pas la facilité de faire saillir leurs juments.

La seconde, c'est que le voisinage des stations, la présence des jeunes animaux mis en vente, font naître sinon le goût, du moins l'habitude de l'élevage. Des spéculateurs achètent les poulains dont les producteurs se débarrassent, dans l'impossibilité où ils sont de les élever eux-mêmes Seuls, les propriétaires riches, et c'est le petit nombre, produisent et élèvent en même temps

Citons un autre fait encore. Dès le principe le dépôt ne fournissait que neuf étalons au département L'effectif des juments saillies ne fut porté qu'à 450. Le chiffre s'est élevé à 715 en 1846, à 739 en 1847, à 868 en 1848 et à 986 en 1849, à mesure qu'on a augmenté le nombre des reproducteurs.

Ces faits établissent l'influence du dépôt de Villeneuve sur la production et font ressortir la nécessité d'élever le nombre des étalons qui le composent pour fonder de nouvelles stations. Nous allons main-

tenant étudier son influence sur l'amélioration et
discuter la question du croisement.

§ II. — EFFETS DU CROISEMENT SUR NOS RACES.

« Si le croisement d'une race , dit M. Richard, est
souvent le plus prompt comme le plus sûr moyen de
l'améliorer , le choix du type améliorateur et l'opportunité de son emploi demandent une grande réserve. » [1]

Nous commençons par la citation textuelle de
cette phrase , non pas que nous voulions en faire le
début de considérations générales sur le croisement,
ce n'est pas ici le lieu, [2] mais seulement parce que cette
proposition est frappante de justesse, et que la pensée qui en émane va dominer l'appréciation des faits
et des recherches ci-après exposés. Tout consiste ,

---

[1] *Traité de la conformation extérieure du cheval.*

[2] Le moment serait mal choisi du reste. On a assez discuté sur l'influence comparative du sang arabe et du sang anglais. C'est une question jugée. Nous pensons que les hommes haut placés dans l'administration des Haras sont parfaitement fixés sur l'espèce de reproducteurs
qui conviennent le mieux pour la régénération des races méridionales.
On le leur a dit assez souvent, et s'ils ne suivent pas encore sous ce
rapport la meilleure voie possible, il faut en attribuer la cause à des
difficultés indépendantes de leur volonté. Aussi, nous garderons-nous
de revenir sur des récriminations usées. Nous n'avons pas de choses
bien nouvelles à dire , nous voulons seulement, à l'aide du simple exposé de quelques faits , appeler , à notre tour , l'attention sur les ré-
formes urgentes à opérer dans le croisement des races chevalines de
nos contrées. Nous avons lieu d'espérer de grandes améliorations à cet
égard. On ne doit pas, comme par le passé , abandonner les plus importantes mesures aux lois du hasard ou de la routine.

en effet, à savoir si dans les croisements opérés sur nos races de chevaux, les types ont été bien choisis et si leur emploi a été opportun. — Nous voulons, non pas discuter, mais raconter ; nous nous plaçons au point de vue le plus pratique pour rechercher la vérité dans l'application elle-même.

Les étalons que l'administration a toujours envoyés dans le département sont d'origine arabe ou d'origine anglaise. L'examen comparatif de leurs produits va nous mettre à même d'apprécier l'influence des uns et des autres sur l'amélioration.

Les chevaux de sang anglais ont été et sont encore en majorité. Les rares chevaux arabes dont on dispose sont relégués, ainsi qu'il convient du reste, sur la lisière des Landes. Les productions des premiers étant les plus nombreuses, nous les étudierons d'abord et nous les comparerons avec celles qu'ont donné les étalons orientaux, dans une proportion bien moins considérable. Les produits de ces derniers sont des exceptions, mais des exceptions remarquables, et si nous n'en avons pas parlé quand nous avons tracé les caractères généraux des *chevaux du pays*, c'était afin de ne pas surcharger notre description, nous réservant de mettre en son lieu et place ce que nous avions à dire à ce sujet. — Cette place et ce lieu nous les trouvons ici, à propos des améliorations obtenues par le croisement et de celles que nous pouvons obtenir encore. Mais n'anticipons pas.

Dans les concours ouverts annuellement pour les distributions de primes aux éleveurs de chevaux nous ne voyons que des pouliches et des poulains fils d'*étalons d'origine anglaise*. Ces produits sont en général décousus, trop élevés; ils ont trop de finesse dans les membres, dans les antérieurs surtout; beaucoup sont brassicourts et ont les tendons faillis, les jarrets coudés, mais larges; les épaules serrées, mais hautes et obliques.

D'après les idées que nous avons de la beauté du cheval et des lois harmoniques sur lesquelles une bonne conformation repose, ces produits présentent évidemment de bien graves défauts. Les reproducteurs anglais ne leur donnent qu'une seule qualité, la taille; mais ils la leur donnent au détriment des formes et souvent même de l'énergie. [1]

Suivons maintenant ces produits dans les services auxquels ils sont employés. Les vétérinaires de l'ar-

---

[1] Des hippologues nous ont dit qu'ils ne pouvaient pas comprendre que l'emploi de l'étalon anglais, le cheval énergique par excellence, pût ôter la vigueur à une race; ils nous ont dit qu'il devait l'augmenter au contraire, que le sang supplée aux formes, que ce ne sont pas les membres, par exemple, qui font le cheval; qu'un cheval avec des membres larges et solides, mais dépourvu de cette énergie vitale que seul le pur sang peut donner, vaudra infiniment moins, sous tous les rapports, qu'un animal dont les membres seront grêles, la conformation défectueuse, mais dont la machine sera animée au suprême degré par un système sanguin de noble origine.

Tout cela est très vrai; mais cela est vrai exceptionnellement dans notre pays. Il faut considérer que le mode d'élevage suivi n'est pas le moins du monde en rapport avec les exigences des produits de sang anglais, que l'agriculture ne se prête nullement à une éducation perfectionnée et que ces influences peuvent bien contre-balancer l'influence du reproducteur mâle et détruire l'action du *sang* ou si l'on aime mieux du *système nerveux* qu'il transmet à ses descendants.

mée qui ont eu l'occasion d'étudier le cheval du Midi
en font un portrait qui n'est pas flatté. MM Louchard et Gillet attribuent ses défauts à l'introduction
du sang anglais. « Monté sur des membres grèles
« et d'une longueur démesurée, dit M. Gillet, beau-
« coup plus étroit de poitrine que ne l'est le cheval
« du pays, qui déjà pêche ordinairement par là, sans
« boyaux, cet animal décousu, entièrement man-
« qué, est d'une constitution si mauvaise et d'une
« santé si faible, qu'il n'est raisonnablement pas
« permis d'attendre autre chose de lui qu'un ser-
« vice nul ou à peu près nul, un séjour continuel
« dans les infirmeries et une mort prochaine. ¹ »

Ce tableau semble exagéré au premier abord,
mais l'observation le justifie. Parmi nos chevaux il
y en a peu qui réussissent. Mal soignés dès leur bas
âge, totalement privés de grain, nourris exclusivement de foin et de paille, la plupart deviennent
ventrus; ils offrent un corps volumineux monté sur
des membres grèles et conséquemment hors de proportion avec ces membres. Quel que soit alors le degré de sang et la somme d'énergie transmise par l'étalon et conservée par le produit, des colonnes physi-
quement trop minces sont impuissantes à supporter
une charpente trop lourde et s'usent avec une
grande rapidité. La solidité si nécessaire aux membres antérieurs, pour toute espèce de service, est la

¹ M. Gillet. *Mémoire sur le farcin.*

qualité qui leur manque le plus. Pour remédier aux tares, conséquences de cette faiblesse, on emploie des moyens chirurgicaux, c'est bien ; mais il faudrait remonter à la source même du vice en s'attachant à le corriger par l'emploi d'autres étalons dont les produits se conformeraient mieux au système d'élevage suivi et à l'alimentation donnée.

En examinant les produits que les éleveurs du département présentent aux concours et livrent au commerce, notre première pensée a été celle-ci :

Les productions que donnent les étalons d'origine anglaise sont mauvaises en général ; donc les étalons anglais ne conviennent pas au pays.

Mais nous nous sommes demandé aussi si ce jugement n'était pas prématuré ; nous avons pris des informations ; nous avons envisagé la question sous toutes ses faces, au point de vue de l'économie rurale et de l'intérêt immédiat des éleveurs, et voici ce que nous avons vu Nous citons un fait qui les résume tous

Un éleveur possède une excellente poulinière qui a été plusieurs fois primée aux concours d'arrondissement Cette jument réunit les qualités et les défauts de la race du pays. Elle a un produit, fils d'un étalon pur sang anglais Ce produit est joli ; il a de la taille, de l'élégance, des formes assez belles ; il semblerait au premier abord que le propriétaire dût s'en défaire facilement et avantageusement Il est loin d'en être ainsi Malgré les qualités de ce jeune cheval, malgré l'intelligence et le soin qui ont présidé à son élevage, la vente est impossible ou ne saurait avoir lieu qu'au préjudice de l'éleveur. En effet, ce produit ne peut être acheté que pour la poste, pour le service d'un particulier ou pour la remonte ; or , il arrive que les propriétaires et les maîtres de poste reculent devant son prix élevé, et que la remonte le refuse à cause du décousu de sa conformation et de la délicatesse de sa membrure.

De pareils exemples ne nous manqueraient pas. On comprend combien les intérêts des éleveurs sont lésés lorsque les débouchés se ferment ainsi devant eux. Aussi trouvons-nous très naturel que dégoûtés de l'élève du cheval, ils y renoncent pour jamais, et qu'ils se retournent vers la production des mules. Nous en avons vu plusieurs abandonner une industrie décevante pour une autre qui leur offrait en perspective des bénéfices facilement réalisables.

En présence de ces faits sommes-nous trop osés d'affirmer que les difficultés dans la vente, les vices de conformation, le peu de garanties de nos produits pour le service, sont dus au croisement des juments indigènes avec les étalons de sang anglais ? De deux choses l'une ; ou les chevaux de l'Agenais tiennent leur conformation de leurs ancêtres, et, dans cette hypothèse, nous estimons que le sang anglais a été jusqu'ici impuissant à en corriger les vices ; ou il n'ont pas reçu cette conformation de leurs ascendants indigènes , et , dans cette supposition , nous croyons que les étalons d'origine anglaise la leur ont donnée.

Nous ne saurions accorder aux partisans exclusifs de la race anglaise que les fâcheuses conséquences de ce croisement ont leur unique source dans l'emploi de reproducteurs de mauvais choix, et que si les sujets eussent été mieux choisis , les inconvénients signalés n'existeraient pas.

Nous aurions, à la vérité, quelques observations à faire sur le mérite individuel des étalons qui nous ont été envoyés, mais là n'est pas la question. Nous croyons avec M. Gayot qu'*il n'est pas nécessaire*, qu'il y aurait du reste une *impossibilité absolue de n'employer à la reproduction que des sujets parfaits, lorsqu'il est simplement question d'améliorer une race inférieure.* [1]

Il s'agit du type lui-même et non des sujets , et nous avons la conviction non-seulement que le type a été mal choisi , mais encore que son emploi est inopportun.

Il a été mal choisi parce qu'il n'a pas amené le résultat désirable : l'amélioration ou au moins un principe d'amélioration

Il est inopportun parce que ni l'agriculture, ni les éleveurs n'ont été préparés à le recevoir, parce qu'ils n'ont pas à leur disposition les moyens de résoudre les difficultés inhérentes à l'éducation des produits du sang anglais.

---

[1] Eug. Gayot. *Etudes hippologiques.*

Parce que la quantité et la qualité des ressources alimentaires ne sont pas en rapport avec les besoins des élèves ; que le climat n'est pas favorable à la culture des céréales de mars et par conséquent de l'avoine qui joue un si grand rôle dans l'élevage du cheval anglais.

Parce que l'agriculture tourne ses efforts vers la production des autres céréales, et qu'elle réserve pour l'élevage ou l'engraissement du gros bétail les fourrages des prairies artificielles qu'elle fournit.

Parce que les produits du sang anglais sont difficiles pour la nourriture, et qu'ils ne peuvent réussir qu'exceptionnellement chez les propriétaires riches, capables de faire des sacrifices pour les nourrir abondamment et leur donner des soins qui leur sont indispensables.

Parce que la grande majorité des éleveurs est dans l'impossibilité matérielle de les imiter, qu'il faut que les chevaux se fassent, pour ainsi dire, tout seuls, avec une misérable nourriture, loin de tout secours intelligent, et que ce système simple d'élevage est incompatible avec la nature délicate des produits résultant du croisement dont nous nous occupons.

Ainsi, le croisement avec le sang anglais ne convient nullement à notre pays. Cette conclusion est absolue ; nous la formulons, appuyé sur la triple autorité des écrivains qui l'ont dit avant nous, de l'observation qui le prouve tous les jours, et des producteurs qui le reconnaissent à leurs dépens Ce croisement pourra convenir un jour, quand l'élevage sera mieux entendu, quand les éleveurs auront le savoir qui leur fait défaut, quand les progrès agricoles se prêteront mieux à l'éducation du cheval. D'ici lors, pas de succès possible, ou succès partiels, rares, hasardeux.

Pour arriver à ce point, la voie est longue et difficile ; mais avant de nous occuper des améliorations futures, continuons à rapporter fidèlement ce qu'on a fait et ce qui est.

Dans le département se rencontrent en petit nombre des produits de chevaux arabes. Disons-le tout d'abord, de leur comparaison attentive avec ceux dont nous venons de parler, des renseignements pris sur les mères de ces produits, des observations faites, il est résulté pour nous cette conviction, que si le croisement avait lieu uniquement avec les étalons orientaux, les vices de conformation seraient corrigés et les inconvénients que nous avons mentionnés, les difficultés, les déceptions dans la vente disparaîtraient à coup sûr. Nous avons pu nous en assurer ; l'étalon arabe donne à ses produits autant de sang que l'étalon anglais et de plus, ce que celui-ci ne saurait leur donner, un corps ramassé, des formes harmonieuses, un rein court, une forte membrure, conformation qui constitue le bon cheval de service, le cheval de troupe, le cheval de tout le monde, en un mot le cheval de vente facile.

Parmi les chevaux achetés tous les ans par la remonte, il s'en trouve au plus cinq ou six de ce mo-

dèle. C'est là surtout qu'on peut établir la différence
qui les distingue des produits du sang anglais. A
ceux-ci la longueur des formes, le décousu, le vice
de membrure ; à ceux-là, l'harmonie du cadre et la
largeur des membres. Le rapprochement est loin
d'être favorable aux premiers ; le seul avantage qu'ils
aient sur les seconds, c'est la taille, si la taille est
un avantage quand les qualités les plus essentielles
font défaut.

Comme conformation, la supériorité des produits du
croisement arabe ne saurait être contestée On n'a qu'à
ouvrir les yeux pour s'en convaincre. Comme valeur
intrinsèque et relative, cette supériorité est évidente.
Aussi les étalons de sang oriental sont-ils les seuls
qui conviennent au pays puisqu'ils remplissent le but
comme améliorateurs ; puisqu'ils ont fait leurs preu-
ves ; puisqu'ils sont, par leur nature et leur origine,
en rapport avec l'état de notre agriculture et le mode
d'élevage suivi ; puisque leurs productions sont plus
rustiques et ont besoin de moins d'attention et de
moins de soins ; puisqu'ils sont véritablement les ancêtres de nos chevaux et qu'on pourrait s'en procurer facilement et beaucoup, grâce à nos possessions
africaines. [1]

---

[1] M. Richard, dans l'ouvrage déjà cité, après avoir parlé de l'influence comparative des étalons anglais et des étalons arabes, en Auvergne, cite *Mascara*, cheval barbe fort ordinaire, dit-il, mais assez
bien construit, dont le prix ne devait pas être au-dessus de 1,500 fr.
et qui donnait des productions estimées. « Mascara, ajoute M. Richard, satisfait les éleveurs ; ses poulains sont ceux qui conviennent

La cause de ce croisement est gagnée, du moment que les deux conditions qui en garantissent le succès sont réunies, du moment que le type est bien choisi et que son emploi est opportun.

L'étalon arabe, il est vrai, ne peut pas assortir toutes les juments si diverses qui peuplent le département, depuis la ponette landaise jusqu'à la grosse et forte jument poitevine. Mais alors on réserve pour le baudet celles dont l'appareillement avec le cheval oriental est impossible.

En outre, beaucoup de propriétaires ont des juments qu'ils réservent exclusivement pour la reproduction des mulets. S'il leur arrive de livrer ces bêtes au cheval, c'est dans le but d'obtenir une pouliche qui remplace la mère pour la même destination. On comprend que ces producteurs recherchent alors des étalons autres que le cheval arabe. Leurs vues seront d'autant mieux remplies qu'ils trouveront des étalons de race plus forte et plus commune.

L'administration doit elle se charger de leur four-

---

le mieux à leur industrie et réussissent ; il est à peu près le seul qui ait maintenu le goût et l'espoir de quelques éleveurs. Les chevaux de son espèce ne sont pas difficiles à trouver sur nos côtes de Barbarie ; on en choisirait facilement une centaine, pour le prix de deux mille francs en moyenne, depuis Tunis jusqu'à Oran ou à Maroc. Nous avons étudié ce pays et ses ressources, et nous ne croyons pas nous tromper. On a dit que l'armée ne s'y recrutait que difficilement, et que par conséquent il n'y en avait plus ; mais l'armée paie de quatre à six cents francs seulement ses chevaux de troupe, et une tribu ne lui livrera pas un bon étalon pour ce prix : qu'on les paie bien et les Arabes ne manqueront pas d'en amener de l'intérieur. »

nir ce genre de reproducteurs ? Non, car les particuliers possesseurs de baudets étalons ont presque
tous un cheval qui convient parfaitement pour féconder les juments dont on veut obtenir des pouliches mulassières. L'administration devrait se borner
à approuver ceux de ces chevaux qui réunissent les
conditions voulues.

Si les reproducteurs de ce genre peuvent être avantageusement utilisés dans certains cas, il faut adopter, comme mesure générale, l'emploi des étalons
d'origine orientale. C'est à eux que l'on doit conduire
les juments du pays; eux seuls peuvent convenir
aux bêtes landaises, et, parmi les juments importées,
il en est un grand nombre qui peuvent être fécondées par eux. Ils assortissent par conséquent la majorité de nos poulinières, et ils conviennent très bien
pour faire des chevaux à deux fins, les seuls dont
l'élevage s'accorde avec les ressources du pays

Transportons-nous maintenant dans la partie infertile du Lot-et-Garonne. L'importance du vœu que
nous venons d'émettre va ressortir encore avec plus
d'évidence.

Deux sortes d'étalons saillissent les juments landaises : les étalons indigènes et les étalons des
Haras.

Avec les premiers la race ne s'améliorera pas, elle
restera stationnaire Bien qu'on fasse servir à la reproduction des mâles beaucoup trop jeunes, les produits n'auront pas dégénéré, car la race landaise est
une race ancienne dont les qualités et les défauts sont

profondément fixés, ce qui explique comment ces reproducteurs peuvent transmettre à leurs descendants les qualités de la race, bien qu'ils ne les possèdent pas eux-mêmes. Du moment qu'on ne voudrait que de bons petits chevaux, chétifs, mais robustes, on n'aurait qu'à fermer les yeux et laisser faire la nature ; on retrouverait toujours le même raccourci dans les formes, mais aussi la même pétulance, le même nerf, la même énergie à supporter les rudes fatigues.

On a dit bien souvent qu'en élevant la taille de la race landaise, on pourrait en retirer de bons chevaux pour les remontes. Quelle mesure a-t-on prise pour atteindre ce but ? Quel moyen a-t-on adopté ?

On a songé de prime abord au croisement Dans ce pays stérile, où l'agriculture est arriérée, où le colon est ignorant et pauvre, où les chevaux vivent à l'état demi-sauvage, et paissent une végétation aride, en compagnie de vaches et de brebis petites et chétives comme eux, dans ce pays l'administration a cherché à obtenir des chevaux de haute taille en y plaçant des étalons anglais, limousins, normands, etc.

Ces types étaient-ils bien choisis, leur emploi était-il opportun ? Non. Ce croisement a été fécond en déceptions de toute espèce. Un pareil système d'amélioration n'était pas applicable à un semblable pays, à une telle race. Ainsi que l'a fait observer un de nos confrères, il a été préjudiable à la fois à l'administration et aux producteurs ; à l'administra-

tïon, en ce qu'elle a déplacé, en pure perte, des étalons qui pouvaient produire ailleurs des résultats autrement avantageux ; aux producteurs, en ce que
leurs produits ayant perdu les qualités qui les faisaient rechercher, ont été abandonnés par les con-
sommateurs. [1]

Ils ont été abandonnés parce que le croisement
les a dépouillés de cette régularité de proportions, de
cette vigueur innée que nous avons signalées dans
la race primitive ; parce que leur taille s'est accrue
aux dépens de leurs formes, parce qu'ils sont haut
montés, décousus, qu'ils ont une tête énorme mal
attachée, une encolure grêle, une poitrine étroite,
un ventre volumineux, des membres sans aplombs,
des tendons faillis ; parce qu'ils sont mous, d'un tempérament lymphatique ; parce qu'ils ont enfin tous
les caractères qui constituent les plus mauvais chevaux, les chevaux incapables d'être employés avantageusement à aucun genre de service.

Ce tableau, que nous traçons d'après M. Poitevin,
s'accorde parfaitement avec nos propres observations.
On ne pensera pas qu'il soit outré si l'on réfléchit aux
disproportions qui existent entre le père et la mère
de ces produits. Ces disproportions sont tellement
sensibles, elles ont établi un tel antagonisme, et, si
nous osons employer ce terme, une telle incompati-

[1] Observations sur l'amélioration des chevaux landais, par M. Poitevin. *Mémoires de la Société Vétérinaire de Lot-et-Garonne.*

bilité entre les reproducteurs, que le sang des nobles étalons a été versé en pure perte ; il ne s'est même pas transmis aux progénitures et n'a pas empêché la dégénérescence, ni sous le rapport des formes, ni sous le rapport du mérite, des qualités, de la valeur intime.

Condamné par la saine raison et par l'évidence des faits, ce moyen d'amélioration a dû être suspendu. Des réclamations se sont élevées ; les producteurs pauvres qui n'ont que de mauvais pacages naturels pour nourir leurs élèves, ont dit : reprenez vos chevaux anglais ; nous préférons nos chevaux indigènes ; ils nous font des poulains qui ne nous coûtent rien à nourrir et dont nous nous débarrassons facilement. Les éleveurs intelligents et riches, qui ont les moyens d'alimenter abondamment leurs produits, ont dit à leur tour : retirez les chevaux anglais ; et si vous voulez élever la taille de nos bons chevaux, donnez pour nos juments, à l'exclusion de tout autre, l'étalon arabe.

Celui-ci est le seul, en effet, qui ait produit quelque bien. L'opposition entre ce reproducteur et la jument landaise est peu tranchée ; entr'eux existe une certaine conformité de taille, de formes, de rusticité, d'origine, et les produits ont moins à faire pour s'habituer aux influences climatériques et alimentaires des Landes et pour réussir sous l'action si peu favorable de ces influences.

En définitive, on a eu de bons chevaux lorsque aux petites juments indigènes on a donné des étalons africains petits eux-mêmes, et que les produits ont été convenablement nourris.

Avant d'aborder cette importante question du régime, nous avons à parler du dépôt de remonte d'Agen, des primes d'encouragement et de leur influence sur l'industrie chevaline.

CHAPITRE QUATRIÈME.

Dépôt de Remonte d'Agen. -- Débouché qu'il offre à l'industrie che-
vaine dans le département. -- Conditions des achats. -- Primes
d'encouragement. -- Concours d'arrondissement. -- Utilité de ces
réunions agricoles. -- Primes pour les Étalons particuliers. --
Commission hippique. -- Autorisation et approbation des Étalons.

---

§ I. — DÉPÔT DE REMONTE.

Nous le voyons, l'industrie n'est pas abandonnée
à elle-même. L'administration lui fournit des moyens
de production par les étalons qu'elle répand , un débouché par ses achats pour l'armée , des encouragements par les primes qu'elle distribue

On connaît la pensée qui a inspiré la création des
dépôts de remonte. Le but proposé était : 1° d'empêcher autant que possible l'introduction des chevaux étrangers dans l'armée française ; 2° de répan-

dre dans la classe des agriculteurs le numéraire dont ils ont besoin ; 3° d'encourager l'industrie en débarrassant les éleveurs de leurs produits, et en leur offrant la perspective d'un débouché avantageux.

Succursale du dépôt d'Auch, l'établissement d'Agen existe, nous l'avons dit, depuis 1842. Il comprend trois départements dans sa circonscription : le Lot-et-Garonne, le Lot et le Tarn-et-Garonne. Chaque département fournit, année moyenne, quarante chevaux.[1] Le chiffre des achats va chaque année en augmentant.

Dans leurs tournées, les officiers de l'établissement

---

[1] Ce chiffre de quarante chevaux est le chiffre des achats opérés par la remonte dans les années ordinaires où les officiers-acheteurs ne prennent guère que des produits de quatre ans et que le cinquième des juments. Une épreuve récente est venue démontrer qu'il pourrait être beaucoup plus élevé. Le décret du gouvernement provisoire, relatif à l'achat extraordinaire de 15,000 chevaux, a fourni au département l'occasion de mettre à jour ses ressources ; il est vrai que le ministre de la guerre a accordé plus de latitude aux propriétaires en donnant aux conditions d'âge de plus larges limites.

La faculté de vendre pour l'armée des bêtes âgées de 4 à 9 ans en a fait surgir de tous côtés. Les officiers de l'établissement en ont acheté près de soixante sur cent au moins qui leur ont été présentées à la foire du Gravier, en 1848.

Ils auraient pu en acheter davantage ; ils ont dû refuser pour défaut de taille plusieurs chevaux de 46 centimètres, fort distingués. Ces animaux étaient très-recherchés pour la poste et les plus beaux pour attelages.

Nous enregistrons ce fait avec plaisir. Il prouve que l'armée n'est pas, comme dans certains pays, le seul débouché de nos chevaux.

Dans sa Statistique raisonnée de l'espèce chevaline du département du Cantal, M. Pérès dit que la remonte de l'armée est pour le mose rendent chez les éleveurs eux-mêmes; ils font, autant que possible, les achats à domicile. Cette manière d'opérer peut leur permettre d'arriver à une connaissance parfaite de l'élève du cheval dans le pays qu'ils explorent; elle est, en outre, avantageuse à l'agriculture en ce sens qu'elle empêche toute espèce de maquignonage et qu'elle met ces officiers en contact direct avec les propriétaires dont ils s'attirent la confiance et auxquels ils peuvent donner de bons conseils.

Leur devoir, a dit un vétérinaire de l'armée, M. Louchard, n'est pas seulement d'acheter de bons

---

ment le seul consommateur de quelque importance pour les chevaux de selle de l'Auvergne. Nous regretterions beaucoup qu'il en fût ainsi chez nous ; les achats de l'armée s'opèrent sur une trop petite échelle pour que l'industrie puisse et doive exclusivement compter sur ce débouché. Il ne faut pas que l'agriculture fasse des chevaux spécialement pour les vendre à la remonte. Qu'elle travaille pour les besoins du commerce en général, et elle sera sûre de ne pas éprouver de déception. Nos chevaux à deux fins conviennent pour une foule de services ; aussi les propriétaires trouvent facilement à s'en défaire quand l'armée les leur refuse, pour défaut de taille notamment. Ils les vendent un peu moins cher alors, mais ils les vendent. Leurs produits ne sont pas des bêtes de luxe, au contraire ; ce sont des bidets rustiquement élevés, voilà tout ; avec ce mode d'éducation, ils ne leur coûtent pas beaucoup, et les prix de vente les indemnisent plus ou moins de leurs avances. On serait mal venu d'ailleurs de conseiller à nos cultivateurs de faire des chevaux de luxe pour l'armée.

Un journal, l'*Argus des Haras et des Remontes* (nº de mai 1848, page 330), a dit qu'*il ne peut y avoir dans un pays le cheval de troupe qu'autant qu'il y aura le cheval de luxe*. Cette assertion est démentie par les faits. Si elle était l'expression de la vérité, la cavalerie cesserait bientôt de chercher des sujets chez les paysans de nos contrées.

chevaux de service, il consiste encore à faire une propagande utile à l'industrie chevaline. [1]

Les produits ne sont achetés que s'ils réunissent certaines conditions de conformation, d'âge et de taille.

Les mâles doivent être châtrés et les juments non pleines. Ils doivent être âgés de quatre à sept ans et avoir au moins la taille de 1 mètre 475 millimètres.

On prend tous les produits mâles, mais chaque année le ministre de la guerre détermine le chiffre des juments à acheter. Jusqu'ici ce chiffre a été le cinquième. Le but qu'on se propose, en agissant de la sorte, est de conserver à l'industrie des pouliches qui, achetées par la remonte et destinées à l'armée, seraient perdues pour la reproduction.

Les produits fournis par le département ne peuvent convenir qu'à la cavalerie de ligne et à la cavalerie légère. Ils sont payés comme tels 600 francs en moyenne. Le prix des chevaux hors ligne, qui peuvent monter des officiers, est porté à 900 francs.

Ainsi, en admettant que sur quarante chevaux il s'en rencontre six que l'on paie 900 fr, la succursale de remonte d'Agen laisse tous les ans dans le Lot-et-Garonne, entre les mains des éleveurs de chevaux, la somme de 25,800 francs.

L'armée est un débouché intarissable et ses besoins étant continus, cette somme augmentera à mesure que les éleveurs perfectionneront l'éducation,

---

[1] *Nature et éducation des chevaux achetés par les dépôts de remonte*, page 83.

et que la remonte pourra par conséquent acheter un plus grand nombre de produits.

Il n'est pas douteux du reste que, afin d'encourager plus efficacement encore l'élevage, le prix des chevaux de troupe ne soit élevé avant peu d'années De son côté l'industrie devra faire des efforts pour répondre à ces encouragements. En payant les produits plus cher que le commerce, en présentant un débouché permanent pour les meilleurs chevaux , la remonte constitue à vrai dire un concours toujours ouvert où les éleveurs intelligents peuvent trouver une récompense à leur zèle et une indemnité à leurs sacrifices.

Néanmoins les remontes ont eu leurs détracteurs plus ou moins passionnés. On a dit que ces établissements étaient onéreux pour l'État, qu'il serait préférable de les supprimer, de confier les achats à une commission spéciale, d'élever le prix maximum d'achat à 1,200 fr., de laisser les chevaux chez les éleveurs, au moins jusqu'à l'âge de cinq ans, au lieu de les acheter à trois et demi, et de les élever, à grands frais, dans les dépôts où ils sont décimés par les maladies. On a dit que l'agriculture n'en retirait pas de grands avantages, que des entrepositaires adroits recueillaient souvent les bénéfices qui auraient dû arriver directement aux propriétaires, qu'enfin il se glissait, même dans les achats directs, des injustices, des vices, des déceptions. Nous ne rappellerons pas ces attaques ; il est peu d'institutions, si parfaites qu'elles soient, qui n'en aient attiré quelqu'une. Il s'agit en définitive de savoir si les dépôts peuvent être favorables à l'industrie et utiles à l'armée, et il nous semble que la plupart des critiques tombent devant l'évidence et l'observation des faits.

On a fait d'ailleurs l'essai de tous les autres modes : l'achat par les marchands, l'achat par les régiments, l'achat par les commissions. Après des tentatives infructueuses, on est toujours revenu au système de remonte tel qu'il est actuellement établi.

§ II. — PRIMES D'ENCOURAGEMENT.

Depuis la suppression du dépôt d'étalons de Villeneuve en 1832, on n'avait plus songé à distribuer des primes d'encouragement aux propriétaires des meilleurs élèves en chevaux nés dans le département de Lot-et-Garonne. La réorganisation de cet établissement étant venue donner un nouvel élan à l'industrie chevaline et beaucoup de personnes influentes s'étant intéressées au succès de cette industrie, la distribution de primes aux éleveurs était une mesure trop importante pour qu'elle ne fût pas renouvelée.

La première institution des concours pour l'amélioration de l'espèce chevaline dans le département date de 1821. Mais depuis cette époque, aucun esprit de suite n'a présidé à l'application de cette mesure. Alternativement supprimée et rétablie jusqu'en 1830 où elle fut définitivement abandonnée, presque en même temps qu'était aboli le dépôt d'étalons, elle n'a pas amené le bien qu'elle aurait pu produire si

elle eût été employée avec méthode et persévérance.
Maintenant tout porte à croire que cette institution,
qui est rétablie depuis 1846 et qui a les sympathies
du Conseil général, est définitive, et que l'administration augmentera, en mesure des besoins, les fonds
alloués à cet effet. L'allocation s'élève chaque année
à 2,000 francs, somme dont la répartition s'effectue
également entre les quatre arrondissements.

On n'admet aux concours que les juments suitées,
les pouliches de deux ans et les poulains châtrés de
deux ans. Les juments pleines, ou supposées telles,
que nous avons vu admettre à certains concours de
Comice agricole, sont exclues et c'est justice, car
outre que l'on court la chance de primer des bêtes
stériles, on pourrait, sur la présentation de faux certifi-
cats de saillie, primer des juments qui n'auraient jamais été présentées à l'étalon ou qui auraient été
fécondées par un baudet.

Les poulains entiers ne sont pas admis à ces concours départementaux. Pour pouvoir les admettre,
il faudrait que l'amélioration fût plus avancée et que
la majorité de ces poulains pût servir à la reproduction, ce qui n'est pas possible dans l'état actuel de
nos races. Il faut donc se borner à primer les bonnes femelles pour engager les propriétaires à les garder et à bien soigner les produits qu'elles donnent.
Quant aux jeunes mâles châtrés que certaines personnes voudraient voir exclure des concours en ce
qu'ils absorbent, disent-elles, en toute inutilité, des
primes qu'il serait plus avantageux de reporter sur

des femelles, leur admission est basée sur cette seule considération, qu'elle a pour but de décider les éleveurs à châtrer leurs poulains de bonne heure.

La somme de 500 francs, affectée à chaque arrondissement, est divisée en sept primes, savoir :

Pour les juments suitées.

1re prime	100 fr.
2e —	75
3e —	45

Pour les pouliches de deux ans.

1re prime	80 fr.
2e —	60

Pour les poulains châtrés et non bistournés de deux ans. [1]

1re prime	80 fr.
2e —	60

Précédemment, la même somme n'était divisée qu'en six primes qui se trouvaient par conséquent plus élevées. Mais le conseil général a pensé, avec raison, qu'il y avait moins d'avantage à conserver le

---

[1] Les poulains bistournés ne sont pas admis parce que le bistournage est une mauvaise méthode de castration qui, souvent, n'atteint pas ou n'atteint qu'imparfaitement le but qu'elle se propose, et qui, en outre, expose les jeunes animaux à une foule d'accidents.

taux des primes qu'à en augmenter la quantité, parce qu'ainsi on fait participer un plus grand nombre d'éleveurs au bénéfice de ces encouragements.

C'est pendant le mois d'août qu'a lieu la distribution des primes aux juments. On a choisi cette époque parce que les poulinières n'étant admises qu'à la condition d'être suitées, et les distances à franchir étant souvent considérables, les jeunes produits sont alors assez forts pour pouvoir accompagner leurs mères.

Les concours pour les pouliches et pour les poulains de deux ans ont lieu au mois d'avril, c'est-à-dire à la sortie de l'hiver. Ils ont été fixés à cette époque afin que les commissions pussent plus facilement juger comment les jeunes animaux ont été nourris et soignés pendant la mauvaise saison. [1]

Ces concours sont peu suivis. Le nombre des animaux présentés est peu considérable. Il est loin d'être en rapport avec la population chevaline du département.

La raison de cette circonstance nous semble résider dans la nouveauté de la mesure, dans le peu

---

[1] Les procès-verbaux des concours sont dressés immédiatement après l'opération, et le montant des primes est payé comptant par l'intermédiaire du Vétérinaire du département qui assiste le jury en qualité de secrétaire et avec voix consultative.

Les membres qui composent ce jury sont M. le Préfet ou MM. les Sous-Préfets, le Directeur du dépôt d'étalons, le Commandant de la succursale de remonte d'Agen, et quatre autres membres pris parmi des personnes versées autant que possible dans la connaissance du cheval.

d'habitude qu'ont les éleveurs de ces sortes de luttes, dans le défaut de publicité. Il faut ajouter que les propriétaires qui possèdent des bêtes passables se présentent seuls aux concours. Les autres, c'est-à-dire la majorité, s'abstiennent de se montrer avec des produits qui, ils le reconnaissent plus ou moins, ne pourraient lutter avec avantage.

Il est une autre circonstance qu'il faut noter et dont il est intéressant de rechercher la cause; elle s'est reproduite tous les ans depuis le rétablissement des primes.

Une différence sensible se fait remarquer dans la beauté et l'importance relative des divers concours. Les réunions de Marmande et de Villeneuve sont toujours les plus nombreuses et les meilleures, tandis que celles de Nérac et d'Agen offrent une infériorité bien marquée, non seulement dans le nombre, mais encore dans la qualité des produits présentés.

Cette différence s'explique. Il résulte de mes renseignements statistiques et de l'examen comparatif de l'élevage des animaux domestiques dans les divers arrondissements, que ceux de Nérac et d'Agen, quoique possédant autant de poulinières mères, produisent plus de mulets que de chevaux; premier motif.

Les agriculteurs de ces arrondissements trouvant assez facilement à se défaire de leurs produits et de leurs juments pleines, aux nombreuses et importantes foires d'Agen, les vendent, soit aux marchands qui les exportent , soit aux propriétaires des autres arrondissements qui les élèvent ; second motif.

Il en est un troisième , applicable seulement à l'arrondissement de Nérac. Il consiste dans ce fait , que cette contrée, renfermant une portion des Landes dans son étendue, possède une foule de juments et de produits de race landaise , que leur petite taille exclut des concours.

Mais à mesure que l'agriculture fera des progrès et qu'on pourra , dans cette portion stérile du département, donner aux élèves la nourriture qui leur manque, à mesure que la vente plus avantageuse des bons produits fera sentir l'urgence des améliorations, la taille des uns augmentera , les formes des autres s'amenderont, et les concours seront également suivis partout; car bien qu'elle ait été et qu'elle soit encore parfois en butte à de violentes critiques, l'institution de ces luttes agricoles est, selon beaucoup d'hommes spéciaux , une mesure utile pour les producteurs , une mesure efficace au point de vue du perfectionnement de l'espèce.

Parmi les éleveurs qui nous liront , beaucoup sans doute ont la pensée que les primes ne sont ni un encouragement , ni une indemnité ; qu'elles deviennent une source de récriminations et d'amours-propres blessés , soit parce que l'on croit trouver de la partialité dans les décisions du jury , soit parce que les mêmes éleveurs les obtiennent toujours ; qu'elles n'influent en rien sur l'amélioration , parce que ce n'est pas l'argent qui fait l'animal, mais bien la nourriture, la science de la production et l'espoir d'un débouché facile.

Sur ce dernier point, la critique a raison. Rien ne saurait égaler, dans l'œuvre du perfectionnement d'une race quelconque d'animaux, la nourriture, les soins intelligents et la perspective d'une bonne vente. Mais les autres reproches manquent de consistance, et, après tout, si les primes entraînent quelques inconvénients, il faut bien qu'on leur ait reconnu un côté avantageux, sans cela nous ne pourrions nous expliquer leur adoption universelle et la création de nouveaux concours sur tous les points de la France.

De ce que les décisions du jury sont discutables, ce qui est dans l'ordre; de ce que les mêmes éleveurs obtiendraient toujours les primes, ce qui est loin d'être vrai; de ce qu'elles font des mécontents; ce qui est assez naturel; de ce qu'elles attirent aux concours plus d'éleveurs qu'elles n'en peuvent récompenser, ce qui est inévitable, il ne faudrait pas conclure que l'institution des primes est une institution mauvaise. Nous le savons, toute médaille a son revers; et si les meilleures créations ont leur côté fâcheux, on ne se prive pas pour cela des avantages réels qu'elles présentent.

Il en est ainsi des primes; considérées au point de vue le plus rationnel, le plus simple, le plus pratique, elles offrent des avantages qui ont frappé tous les bons esprits.

Un éleveur possède une bonne poulinière qu'il fait

féconder avec intelligence ou une pouliche qui sera d'autant meilleure qu'il la nourrira mieux. Les concours s'ouvrent, il y conduit sa bête ; un jury compétent juge avec toute l'impartialité désirable et lui accorde une prime. Jusqu'ici rien de plus naturel, rien de plus juste. Mais ses concurrens, ses voisins, malgré leur confiance dans les connaissances des juges, et malgré l'autorité du jugement rendu, critiqueront la décision et crieront même à l'injustice. Nul ne voudra reconnaître immédiatement l'infériorité relative de sa pouliche ou de sa jument. Cependant, quand les premiers moments consacrés au dépit de la défaite seront passés et pour peu que son amour-propre blessé ne le frappe pas d'un aveuglement complet, le vaincu sera inévitablement amené à établir une comparaison entre la bête primée et la sienne, et à remarquer la différence qui les sépare, si non quant à la conformation, du moins quant à la valeur pécuniaire qui est tout pour lui.

Cette comparaison, il la fera tôt ou tard ; il la fera surtout quand arrivera l'heure de la vente ; quand il verra que la pouliche couronnée se vendra deux ou trois cents francs de plus que la sienne, quand la remonte prendra le poulain choisi par le jury et dédaignera le sien.

Rien ne saurait frapper l'imagination de l'éleveur comme cette différence de chiffres, et il sera forcé de convenir qu'en lui refusant la prime, on n'a pas voulu l'humilier, mais bien l'instruire.

Sa première pensée alors sera de reparaître dans

la lutte avec honneur et avantage, heureuse émulation qui le portera tout d'abord à mieux nourrir ses
produits ; car il sait bien que c'est la bonne nourriture qui fait les bons chevaux ; et s'il nourrit mal
habituellement, ce n'est pas qu'il méconnaisse l'influence d'une riche alimentation, c'est d'abord par
économie, et ensuite parce qu'il se dit qu'une bête qui
ne travaille pas ne doit pas manger comme celle qui
travaille.

Cette émulation réveillée est avantageuse à un autre titre. En effet, plus il se rencontrera de propriétaires qui désireront concourir avantageusement et
qui prendront la lutte au sérieux, plus le nombre des
bons produits et des bonnes poulinières augmentera ;
car bien convaincus d'avance que ce n'est qu'à certaines conditions que les productions seront admises, les éleveurs chercheront à remplir ces conditions et présenteront des bêtes convenables en lieu et
place d'animaux tarés, mal conformés, chétifs ou
trop vieux. [1]

Voilà, ce nous semble, la conséquence immédiate
et médiate des concours. Est-il besoin d'ajouter, afin
d'en compléter l'apologie, qu'ils témoignent de la

---

[1] « Afin d'être admis au bénéfice des primes, les poulains, juments et pouliches présentés devront être exempts de vices et de tares
rédhibitoires et héréditaires pouvant nuire à l'amélioration de la
race.

« Les juments devront avoir quatre ans faits. Il faudra aussi qu'elles aient la taille de 1 mètre 46 centimètres au moins. »

(Extrait de l'arrêté de M. le Préfet.)

sollicitude de l'administration pour l'élève du cheval ? Ils sont une preuve qu'on tient à cœur de l'encourager comme on le doit et dans la mesure des moyens dont on dispose; ils sont un motif de réunions, de fêtes agricoles. Une fois que les éleveurs seront bien persuadés que les primes ont été instituées dans un but louable, ils s'efforceront de répondre aux vœux de tous les hommes amis de leur pays, en entrant dans la voie des améliorations qui leur sont conseillées. Ils serviront à la fois une pensée féconde et leurs propres intérêts.

§ III. — PRIMES POUR LES ÉTALONS PARTICULIERS.

Les poulains entiers, avons-nous dit, ne sont pas admis aux concours départementaux dont nous venons de parler. Nous approuvons cette exclusion. Elle est rationnelle en ce sens, que le pays ne fournit pas des reproducteurs mâles susceptibles de servir efficacement à l'amélioration de nos races, et que l'appât des primes ferait conserver entiers des sujets qu'il aurait été prudent et avantageux de châtrer de très-bonne heure.

Néanmoins, dans le but d'encourager l'industrie privée et d'en étendre de plus en plus l'influence sur la production chevaline, le gouvernement accorde des primes aux propriétaires qui se procurent de bons étalons pour les faire servir à la monte.

Aux termes de l'arrêté ministériel du 27 octobre 1847, des commissions hippiques ont été organisées à cet effet dans les départements. Celle qui a été formée dans le Lot-et-Garonne fonctionne depuis le 18 septembre 1848. Elle a pour mission de procéder à l'examen des étalons appartenant aux particuliers, de faire un choix parmi ces étalons, et d'autoriser ceux qui offrent les garanties nécessaires.

L'obtention d'une carte d'autorisation est une condition toute préparatoire qui n'entraîne nullement la prime ; il faut que les étalons ainsi autorisés soient examinés de nouveau par un délégué de l'administration des Haras qui les *approuve*.

A cette approbation seulement est attachée une prime annuelle qui s'élève :

De 500 à 800 fr. pour un étalon de pur sang ;
De 300 à 600 fr. pour un étalon de demi-sang ;
De 100 à 300 fr. pour un étalon de gros trait.

Les étalons sont soumis tous les ans à une nouvelle autorisation et à une nouvelle approbation.

Pour être autorisé, un étalon doit avoir une conformation à peu près irréprochable ; il doit être exempt de tout vice et tare héréditaires pouvant nuire à l'amélioration ; il doit enfin sortir d'une race appropriée au pays.

Nous allons entrer dans quelques développements sur chacune de ces trois conditions fondamentales.

Première condition. — Une bonne conformation a toujours pour base la poitrine et les membres. Un poitrail large, une côte bien arrondie, un rein court, une épaule longue, un garrot élevé, permettent de préjuger que la cavité destinée à loger les poumons est dans de bonnes conditions de capacité et de conformation. La perfection des membres se reconnaît à son tour à la rectitude des aplombs, à la longueur de l'avant-bras, à la brièveté et à la largeur du canon, à la consistance et à la pureté du tendon, au volume des jointures du genou, du jarret et des boulets, enfin à la solidité de la corne du pied. Les éleveurs devront rechercher toutes ces qualités pour les étalons qu'ils voudront présenter à l'autorisation. Ils devront, au contraire, châtrer au plus vite ceux qui manquent d'aplombs, qui ont la poitrine serrée, les épaules plaquées, le garrot bas, la croupe courte, les reins et les flancs longs, les tendons faillis, les articulations étroites, les pieds plats ou encastellés. On conçoit que ces graves défauts n'existent pas tous à la fois sur le même cheval, mais l'une ou l'autre de ces imperfections capitales dont la transmission aux descendants est malheureusement inévitable, et qui annoncent une mauvaise origine du côté du père, et plus souvent du côté de la mère, doit faire repousser d'une manière absolue les reproteurs mâles qui la portent. Nos poulinières sont généralement défectueuses ; comment pourrait-on arriver à prévenir, chez leurs produits, l'apparition de leurs défauts, si, en les accouplant, on ne cherchait à employer des étalons aussi parfaits que possible ?

Seconde condition. — Indépendamment d'une conformation irréprochable , ce qu'il faut exiger avant tout c'est que les animaux reproducteurs ne soient pas entachés de ces vices graves, de ces tares héréditaires si funestes aux produits chez lesquels ils s'exagèrent trop souvent. La commission hippique en a dressé la nomenclature dans le but d'éclairer les producteurs et de leur signaler l'existence de ces vices, afin de mettre en faveur auprès d'eux et de désigner à leur choix les étalons qui en sont exempts. Voici cette nomenclature telle qu'elle se trouve dans le Recueil des actes administratifs.

Ire CATÉGORIE. — MALADIES ORGANIQUES.

A. *Appareil respiratoire.*

1° La pousse.
2° Le cornage chronique.
3° La morve.
4° La phthisie pulmonaire.

B. *Appareil de la digestion.*

1° Le tic avec éructation.
2° Les hernies inguinales et ombilicales

C. *Appareil de l'innervation.*

1° L'immobilité.
2° L'épilepsie.
3° La danse de Saint-Guy.
4° L'amaurose.

D. *Appareil circulatoire sanguin.*

1° Les varices.
2° Les anévrismes.

E. *Appareil circulatoire lymphatique.*

    1° Le farcin.

    2° La mélanose.

F. *Appareil de la vision.*

    1° La fluxion périodique.

G. *Appareil de la génération.*

    1° La lithyasie, vulgairement *la pierre.*

H. *Autres maladies héréditaires.*

    1° Le crapaud.

    2° Les eaux aux jambes.

    3° Les seimes.

IIe CATÉGORIE. — TARES EXTÉRIEURES CONGÉNIALES.

    1° La jarde.

    2° La courbe.

    3° L'éparvin sec et l'éparvin calleux.

    4° La forme.

    5° La fusée.

IIIe CATÉGORIE. — VICES DE CARACTÈRE.

    1° La méchanceté caractérisée par l'action de mordre ou de frapper.

    2° La rétivité.

Troisième condition. — Il faut, avons-nous dit, que l'étalon sorte d'une race appropriée au pays. Expliquons-nous.

En prenant l'arrêté relatif à l'institution des conseils hippiques dans les départements, le ministre nous semble avoir eu principalement en vue les pays de grande production où les étalons des particuliers peuvent faire une concurrence, très fâcheuse parfois, au point de vue de l'amélioration, aux étalons nationaux. Dans ces contrées, autoriser les bons chevaux, c'est les signaler à l'attention des éleveurs ; c'est encourager, par conséquent, les étalonniers à proscrire les mauvais et à les remplacer par d'autres qui réunissent les conditions convenables de conformation, d'aptitude et de santé.

La plupart des départements méridionaux ne se trouvent point dans ces conditions. Sous le rapport des étalons, l'industrie particulière ne fait rien pour la production chevaline, et j'ajoute qu'il lui est impossible de rien faire encore.

Premièrement, à cause du peu de ressources, du peu de savoir, et du peu de goût des éleveurs ;

Secondement, à cause de l'état de notre agriculture qui emploie uniquement l'espèce bovine, et qui est trop peu avancée encore pour permettre le succès dans les deux industries ;

Troisièmement, à cause de l'espèce d'étalons qui conviennent à la régénération de nos races et que l'État seul peut convenablement nous fournir.

Tous les hommes qui se sont occupés sérieusement de la question chevaline dans nos contrées sont d'accord sur les propositions suivantes déjà développées :

1° L'espèce de chevaux qu'il convient d'élever

sont les chevaux légers, de taille moyenne, propres à la fois à la selle et au trait.

2° Le climat, la nature des substances alimentaires, l'intérêt des éleveurs, les ressources dont ils disposent, les débouchés, tout s'oppose à l'élève des chevaux de gros trait, des carrossiers, des animaux de luxe, et pousse à la fabrication des bêtes à deux fins.

3° Les étalons qu'il faut employer pour produire ces bêtes à deux fins ne se trouvent point parmi nos chevaux. Leur état général d'infériorité s'oppose à ce qu'ils puissent fournir des reproducteurs convenables ; aussi, pour amener un perfectionnement désirable et nécessaire, faut-il impérieusement recourir à l'emploi de types améliorateurs étrangers choisis dans des races anciennes et supérieures.

Ce croisement s'est opéré jusqu'ici au moyen du sang anglais et du sang oriental.

D'après ce qui a été établi au chapitre troisième, le sang arabe seul a réussi. L'étalon d'origine orientale est donc celui qui est approprié au pays, c'est donc ce reproducteur, à l'exclusion de tout autre, quant à présent, que les éleveurs doivent présenter à l'autorisation, puisqu'il n'en est point d'autre qui soit capable de servir avec plus d'efficacité au perfectionnement de nos chevaux.

Mais il n'est pas facile aux particuliers de se procurer de pareils reproducteurs. En accouplant une jument du pays de bonne origine avec un étalon arabe , ils peuvent seulement obtenir un produit métis qui pourra être conservé pour l'autorisation si à l'âge d'un an il se présente avec de l'avenir.

En principe , et d'après l'avis des hippologues émi- nents , les métis ne doivent servir à la reproduction qu'après une longue suite de générations et qu'autant que les qualités de la race améliorante sont profondé- ment fixées dans la race améliorée. Néanmoins, la Commission hippique s'est décidée pour l'adoption des métis, par ces considérations que le département de Lot-et-Garonne manque d'étalons , que l'Etat ne lui en fournit pas assez, qu'il ne faut pas laisser échapper les bons métis d'une origine bien consta- tée, d'une conformation convenable , qu'il n'y a pas d'inconvénient à les employer , parce que , depuis longtemps , on a commencé à jeter des germes d'a- mélioration dans les races qui peuplent nos contrées, et que , si le perfectionnement n'a pas marché avec la rapidité désirable , on doit peut-être moins en at- tribuer la cause au défaut de persévérance dans l'em- ploi des types améliorateurs , qu'au mode de l'éle- vage et à l'alimentation.

CHAPITRE CINQUIÈME.

———

Ressources alimentaires que le département fournit à l'Élève des
Chevaux. -- Parcimonie qui préside à la distribution de la nourriture. -- Louable initiative prise par quelques Éleveurs pour
entrer dans une voie meilleure. -- Conséquences favorables. --
Bénéfices réalisés. -- Exemples à suivre. -- Obstacles à l'amélioration dans la partie infertile du département. -- Misère des
habitants ; Difficultés agricoles. -- Améliorations obtenues dans
la culture des terres et dans l'élevage des Chevaux. -- Avenir de
l'industrie Chevaline.

--

§ 1.

De toutes les conditions à remplir , dans un élevage fructueux et raisonné , la condition fondamen-
tale fait encore défaut à l'industrie chevaline , dans le
pays qui nous occupe , ainsi que dans presque tout
le midi. Les nourrisseurs cherchent tous à résoudre

ce problème : Un poulain étant donné, le conduire sans dépense aucune, en s'occupant de lui le moins que possible, jusqu'à l'âge de trois ou quatre ans, et le vendre alors le plus avantageusement qu'on peut.

Les soins et la nourriture, ces deux éléments essentiels de l'élève du cheval, sont à peu près méconnus. La nécessité de faire quelques sacrifices en vue d'atteindre à des résultats meilleurs n'est pas assez comprise. On ne sait pas assez qu'un poulain fruit d'un accouplement bien dirigé réussira mal, s'il n'est pas nourri, tandis qu'un poulain dû à un accouplement hasardé pourra devenir un bon cheval s'il reçoit une alimentation copieuse. Tout homme un peu observateur peut mesurer la distance qui sépare deux poulains nés à la même époque, mais différemment nourris jusqu'à l'âge de quatre ans. L'un, abandonné au pacage et nourri au foin et à la paille, sera mou, petit, commun ; l'autre qui aura reçu un supplément de bon fourrage et de grain offrira une tout autre apparence et vaudra bien davantage.

Mais il ne suffit pas de dire aux éleveurs : Nourrissez abondamment ; il s'agit de savoir avant tout, s'ils ont à leur disposition des éléments pour bien nourrir.

Cette considération nous conduit naturellement à nous occuper de l'agriculture du département et des ressources alimentaires qu'elle fournit à l'élève des chevaux.

Dans la partie fertile du Lot-et-Garonne, la cul-

ture des plantes fourragères a pris beaucoup d'extension depuis quinze ans; Bien que la production
des céréales soit le principal objet de la sollicitude
des cultivateurs, ils ont depuis longtemps compris
tous les avantages que leur garantissait l'introduction des prairies artificielles dans leurs assolements
et ils peuvent apprécier tous les jours l'excellence
d'un système agricole établi sur cette triple base : le
blé, les fourrages et le bétail.

Les produits des nombreuses prairies naturelles et
artificielles sont loin de faire défaut; mais ils sont ré-
servés pour les bêtes à grosses cornes qui sont inti-
mément liées à l'agriculture. Les belles vaches de la
race Agenaise exécutent généralement tous les travaux des champs. Les bœufs sont élevés pour l'exportation ou pour l'engrais. Reléguée au second plan,
l'industrie chevaline ne dispose pas des mêmes ressources alimentaires. Les juments poulinières et les
poulains sont abandonnés dans les prairies depuis le
mois de mai jusqu'à la fin de novembre. Ils ne sont
nourris à l'écurie que pendant quatre ou cinq mois
de l'année, le plus souvent avec de la paille seulement.

Si quelques éleveurs, ainsi que nous le verrons
plus loin, s'écartent de la règle commune, nourrissent bien et arrivent à des améliorations évidentes,
en général peu soucieux d'améliorer les produits en
vue de bénéfices futurs, les propriétaires ne calcu-
lent que l'intérêt du moment, et ils s'efforcent d'élever avec la plus grande économie.

6

Il y a même plus que de l'économie à élever suivant la méthode adoptée par la plupart de nos agriculteurs. Acheter un produit d'un an, le mettre tous les jours, du matin au soir, et souvent la nuit, au pacage, pendant huit mois de l'année,[1] lui donner pour habitation un coin dans l'étable des bœufs, ou bien une écurie étroite, sombre, mal aérée, d'où le fumier n'est enlevé que lorsqu'on en a besoin pour les cultures, l'abreuver souvent aux mares voisines des fermes,[2] ne le ferrer jamais, l'étriller, pas davantage, telle est la tâche qu'entreprend un agriculteur qui élève des chevaux. On comprend que la persévérance dans un pareil système ne fera pas progresser l'éducation ; elle fera, à peu de frais, comme par le passé, des bêtes éminemment rustiques, mais qui acquièrent peu de taille en général et se vendent peu avantageusement. C'est grâce à la fertilité du sol et à la bonne qualité des plantes qu'ils pâturent, qu'ils se développent et que souvent ils réussissent sans le secours des soins intelligents qui leur manquent.

---

[1] L'expérience a constaté qu'il y a un grand inconvénient, au point de vue hygiénique, à laisser les jeunes animaux au pâturage, pendant la nuit, surtout dans les prairies situées au bord des rivières. On a remarqué que les poulains y contractent généralement la fluxion périodique.

[2] Cette habitude d'abreuver les poulains dans les mares croupissantes peut devenir dangereuse pour eux, mais elle est quelquefois funeste aux poulinières. Nous avons vu, pendant les grands froids, des juments pleines avorter parce que, pour les faire boire, on avait brisé la glace qui couvrait l'eau de ces réservoirs.

Cela est vrai surtout pour les chevaux landais qui sont transportés jeunes dans la partie fertile du département. Beaucoup d'agriculteurs peu aisés achètent aux foires de Durance, Saint-Justin, etc., ou aux marchands qui viennent de ces foires, des jeunes poulains des Landes. Ces animaux achetés à bas prix sont nourris exclusivement au pacage dans les prairies, souvent sur le bord des chemins ; ils ne reçoivent aucun soin et cependant ils se vendent ensuite à bénéfice. Par le seul fait du changement de localité, parce qu'ils paissent des herbes moins arides, plus abondantes, plus nutritives que dans leur patrie, ils se développent bien, acquièrent de la taille et deviennent des doubles bidets. Que serait-ce donc s'ils recevaient, nous ne dirons pas du grain, mais seulement un supplément de fourrage à l'écurie. Tout ce qu'on fait pour eux, c'est de leur donner du son, des fèves et de la farine de maïs pour les mettre en chair lorsqu'arrive le moment de la vente.

Des producteurs et des éleveurs, peu nombreux encore, s'écartent de ces principes vicieux d'élevage pour prendre une voie meilleure. Les premiers ont de bonnes poulinières qu'ils nourrissent convenablement et qui leur donnent d'excellents produits. Nous avons vu vendre des poulains de six mois jusqu'à 300 francs ; tandis que la plupart des producteurs ne vendent les leurs que 100 fr. et au plus 180 fr. à cet âge. — Les seconds donnent des soins réguliers de pansage à leurs élèves, et leur accordent à l'écurie un supplément de nourriture. Nous connaissons des éleveurs qui, pendant la mauvaise saison, nourrissent d'une manière à la fois très économique et très avantageuse les poulinières et les produits. Ils leur donnent des betteraves coupées à morceaux et de la paille à discrétion. Sous l'influence de ce régime, les animaux prospèrent bien et conservent toujours un poil luisant et fin.

La betterave, comme les autres racines fourragères, dont la culture ne saurait être trop répandue, offre, ainsi que des agronomes l'ont dit avec beaucoup de raison et de vérité, des ressources inappréciables au cultivateur pour l'entretien de ses animaux en hiver. Seulement, à poids égal, les betteraves sont moins nutritives que le foin. Il faut cinq kilogrammes de betteraves pour remplacer deux kilogrammes de foin. Ces avances, qui ne sont pas au-dessus des ressources du premier éleveur venu, les font arriver à de brillants résultats. Ils vendent leurs jeunes chevaux, à quatre ans, jusqu'à 600 fr. et 800 fr., tandis que leurs voisins sont forcés de les donner à moitié moins.

Comme tous les avantages sont la conséquence les uns des autres, les éleveurs intelligents dont nous parlons obtiennent toujours les primes aux concours d'arrondissement.

Toutefois il ne faut point se le dissimuler ; des obstacles sérieux s'opposent à ce que les soins à donner aux élèves se généralisent encore. Chez les propriétaires riches cela se comprend, mais chez le paysan, c'est autre chose. Celui-ci n'aime que les animaux qui travaillent comme lui ; il ne prodigue des soins qu'aux bœufs, ces compagnons patients de ses travaux. Après une journée laborieusement remplie, quand il a besoin d'un repos bien dû à ses fatigues, il a peu de goût, on le conçoit, de pratiquer le pansement de la main sur une poulinière ou sur un produit qui s'élève chez lui, pour ainsi dire, à son insu. Il laisse cette tâche à un enfant qui s'en dispense et qui ne fait autre chose que conduire au pacage et en ramener les élèves, sans jamais leur donner à l'écurie que les restes des repas des bestiaux. — Il faut que les produits se fassent tout seuls ; si des soins minutieux leur sont rigoureusement nécessaires, il faut les changer, ce n'est plus l'espèce de chevaux qu'il convient d'élever.

Sans cette difficulté capitale qui gît dans l'agriculture et dans le mode d'élevage, tous les cultivateurs pourraient arriver aux mêmes résultats et aux mêmes bénéfices. Ils n'auraient qu'à faire quelques avances dont le prix de vente les indemniserait et au-delà. Ils s'attacheraient aux produits pour lesquels ils auraient fait des sacrifices, ils les soigneraient mieux, et les améliorations obtenues chez quelques éleveurs intelligents deviendraient générales.

On est donc pardonnable de ne pas agir ainsi, bien que le sol soit loin d'être ingrat, et que l'agriculture puisse fournir sans efforts les fourrages nécessaires à l'alimentation des chevaux. Quand les chevaux, nous l'avons déjà dit, ne sont pas directe-

ment liés à la culture des terres , leur élevage ,
dont la nourriture fait la base essentielle , est nécessairement sacrifié à l'élevage des bêtes bovines. [1]

§ II.

Dans la partie infertile , l'amélioration rencontre
des obstacles bien autrement sensibles. Là c'est une
terre avare qui fournit à peine les premiers éléments
de l'alimentation de l'homme , car l'homme va demander un supplément de nourriture aux produits de
ses troupeaux. Là ce sont d'immenses pacages où les
plantes arides et peu nutritives , telles que l'ajonc
marin [2], la bruyère et quelques sèches graminées ne
prennent jamais assez de développement pour que

---

[1] Des écrivains ont dit et répété que l'on pouvait et que l'on devait
utiliser les chevaux de deux à quatre ans dans les exploitations rurales , et que ce travail payait en partie les frais de nourriture en facili-
tant l'élevage. Cette pratique qui serait très-avantageuse s'introduira
difficilement dans les habitudes de nos agriculteurs ; ils trouvent que
le travail des jeunes chevaux ne compense même pas le temps qu'ils
font perdre à les essayer. Les progrès agricoles et l'introduction des
instruments qui nécessitent l'emploi du cheval modifieront leurs idées
à cet égard.

[2] On pourrait tirer un parti fort avantageux de l'ajonc pour la
nourriture des chevaux. Il est prouvé que les animaux le mangent
avec avidité , et que cette plante , en fourrage vert , est très-nutri-
tive. Seulement , comme l'ajonc offre des tiges et des rameaux très-
durs et épineux au sommet , il est nécessaire de diviser ces rameaux
et de briser les épines nombreuses et très fortes qu'ils présentent.
Cette opération doit être faite peu de temps avant de donner ce fourrage aux animaux , autrement il prend une teinte noire , qui fait que
les chevaux la consomment avec moins de plaisir.

les animaux puissent y trouver une nourriture substantielle, et où la végétation n'est jamais assez active
pour qu'on puisse y recueillir des fourrages d'hiver.

C'est là surtout, c'est dans ce malheureux pays,
que les améliorations agricoles seraient nécessaires,
tant pour le perfectionnement des animaux que pour
le bien-être des habitants.

Avant de parler des modifications que réclame
l'agriculture arriérée de cette contrée, complétons
ce que nous avons déjà dit sur les mœurs et sur l'histoire de la race chevaline landaise.

Dans chaque métairie des Landes, et suivant
l'importance de l'exploitation, s'élèvent de deux à
six juments. Ces bêtes vivent presque constamment
dehors. Leur unique travail est de paître, de produire et de transporter leurs maîtres dans les petits
voyages aux villages voisins. N'étaient l'existence
demi-sauvage à laquelle elles sont le plus souvent
livrées, et la nourriture rustique qu'elles ramassent
si laborieusement, elles perdraient, dans le repos,
cette énergie native qui balance la chétivité de leur
structure, et qui fait toute leur valeur.

Les juments sont cependant employées aux travaux agricoles dans quelques exploitations ou, par
une circonstance exceptionnelle et curieuse, on est
forcé de se priver de l'emploi des bœufs.

Une maladie inconnue, insidieuse et grave, dont
la cause et les symptômes se dérobent à toute expli-
cation positive, à marche lente, sans guérison possible, bien que la mort en soit rarement la consé-

quence, attaque les animaux à grosses cornes et rend leur service impossible. Les hommes de science croient que c'est une *gastro-entérite chronique;* les landais disent que c'est l'ennui qui rend les bœufs malades. [1]

Ce qui donne un air de vérité à cette opinion qui semble faire croire que le spleen n'est pas seulement l'apanage de l'espèce humaine, et qu'il peut y avoir aussi des bœufs hypocondriaques, c'est que les animaux atteints de la maladie guérissent comme par miracle quand ils sont amenés dans des localités, hors des Landes, où ils trouvent sans doute un air, des eaux, des aliments à leur convenance. Vulgairement, on donne à cette nostalgie d'un nouveau genre le nom de *ensec*, expression banale, mais qui caractérise parfaitement l'état de dépérissement et de *sécheresse* dans lequel tombent les animaux.

Au lieu d'employer les juments et pour pouvoir exécuter les travaux, il est des propriétaires, dans les lieux où la maladie sévit de préférence, qui changent leurs attelages de bœufs deux ou trois fois par an.

On attribue la principale cause de cette singulière affection, à la mauvaise qualité d'une eau trouble et saumâtre, chargée de principes ferrugineux, que l'on trouve en creusant le sable d'un mètre ou de deux, et qui sert d'unique boisson aux animaux.

---

[1] Il faut dire que la maladie sévit de préférence sur les bœufs importés dans les Landes.

Le sel marin est un préservatif contre la maladie. Aujourd'hui que l'on peut facilement et à bon marché se procurer cette substance, il sera très avantageux d'en donner aux bestiaux qui la recherchent avec avidité, surtout aux approches d'un mal qui amène la diminution et plus tard la perversion complète de l'appétit.

Les juments étant, comme nous l'avons dit, presque constamment dehors, c'est en liberté, dans les pâturages, qu'elles sont saillies par de très jeunes étalons de quinze mois à deux ans. A cet âge, jamais plus tard, on arrache ces poulains à leur liberté pour les châtrer, les dompter et les vendre. N'étant pas habitués, dès leur bas âge, à subir la moindre contrainte, ils se plient assez difficilement au joug de la domesticité.[1] On leur passe un licol pour la première fois, quand on veut les hongrer. Quelques propriétaires, au lieu de laisser les poulains et les juments errer ensemble dans les bois, les soumet-

---

[1] Une fois domptés, les chevaux landais ont un caractère doux, mais ils s'effraient assez facilement. Leur constitution robuste, formée sous l'influence des intempéries pendant les premières années de leur existence nomade, les met à l'abri de beaucoup d'affections graves. Le farcin, la morve, les eaux aux jambes ne les atteignent qu'exceptionnellement. Ils sont peu sujets à la fluxion périodique des yeux. Bien que certains chevaux aient deux ou trois accès de fluxion, des observateurs assurent que si ces animaux restent dans les Landes, ils ne perdent pas la vue.

Leurs membres n'offrent presque jamais des tares. Il ne se développe point de tumeurs molles sur les articulations, surtout chez les chevaux qui passent leur vie dans les Landes, quel que soit le travail exigé d'eux. On s'expliquera facilement cette circonstance, si l'on

tent au régime de la stabulation ; ils excluent les poulains de la reproduction et conduisent les femelles aux étalons nationaux des stations voisines. Si par la taille et la race, ces étalons s'appareillent convenablement avec les petites juments landaises, il survient de ces accouplements bien dirigés de remarquables fruits.

Malheureusement ce résultat s'obtient rarement, parce que le croisement seul ne fait pas les bons chevaux, et qu'il faut mettre en ligne de compte, et en première ligne, le régime alimentaire.

De deux choses l'une, ou les chevaux landais produits du croisement sont bien nourris, et alors ils sont vendus 300 fr, 400 fr., et jusqu'à 500 fr. ; ou ils sont abandonnés dans les pacages, et alors ils se vendent, lorsqu'on les en retire, au plus 200 fr., quel que soit leur âge. Ce fait doit frapper les éleveurs de tous les pays. Il faut dans la contrée qui nous occupe, pour faire des chevaux assez grands

---

songe qu'ils foulent constamment des routes sablonneuses, et que les réactions sont infiniment plus douces sur un sol mouvant.

L'usure des pieds est si lente et si peu sensible qu'on se dispense de les ferrer. On fait quelquefois appliquer des fers aux pieds de devant seulement.

Le plus souvent les poulinières mettent bas en plein air. On leur ménage parfois un asile, à l'heure du jour où la chaleur est le plus intense, non pas pour les abriter contre l'ardeur du soleil, mais afin de les préserver de la piqûre d'une espèce de mouche qui tourmente beaucoup les animaux. Du reste, ils vont alors chercher instinctivement un abri dans les *bordes*, sortes de cabanes de chaume qui servent de refuge aux brebis pendant la pluie.

et assez bons tout à la fois, deux circonstances que, dans les Landes, il est assez difficile d'associer : 1° un étalon arabe pour père; 2° une bonne nourriture chez l'éleveur.

Voilà tout le secret de la production et de l'amélioration des chevaux landais.

Le but à atteindre est d'élever leur taille sans trop diminuer leur énergie.

Le croisement est le moyen le plus simple et le plus expéditif d'obtenir ce résultat qui sera nul sans un bon régime.

Mais, nous dira-t-on, est-il possible de réunir le double élément indispensable au but qu'on se propose ? Où sont les moyens de nourrir les produits ? Comment trouver sur un sol inculte les éléments d'une abondante alimentation ? Citez-nous des agriculteurs qui puissent nous servir de modèles, et enseignez-nous leurs moyens, si les moyens employés par eux sont à la portée de tous.

Ces questions sont on ne peut plus naturelles et légitimes; c'est notre intention et notre désir d'y répondre.

L'administration des Haras peut sans doute fournir des étalons arabes exclusivement. C'est une affaire de temps et d'argent; cela viendra tôt ou tard ; mais la seconde condition est-elle aussi facile à remplir ? Les ressources alimentaires des Landes peuvent-elles permettre de bien nourrir sur une grande échelle la population chevaline ?

Voilà la question culminante, celle qu'on aurait dû se poser avant de suivre les conseils des personnes qui préconisaient le croisement. Le croisement ne devait venir qu'en seconde ligne, et on l'a employé de prime abord. « Il est évident, a dit M. Poitevin, « dans le travail dont il a été déjà question, il est « évident que si dans la localité qui nous occupe, « on eût commencé par améliorer le régime ali- « mentaire des animaux de la race indigène, on « eût infailliblement réussi à augmenter la taille des « chevaux de cette race : les doubles bidets en sont « un exemple. C'est alors seulement que l'on aurait « pu admettre, dans le croisement, des étalons qui se « trouvant plus en rapport avec les poulinières, « eussent développé plus promptement dans les for- « mes et les qualités des produits d'heureuses modi- « fications qu'un régime approprié et longtemps « continué eût sans aucun doute maintenues. »

C'est dans cette amélioration du régime et de l'a-griculture que gît la difficulté.

L'agriculture est en retard dans les Landes ; les parties cultivées sont peu étendues encore relative-ment aux parties envahies par les sables, les marais et les bruyères. A part la portion renfermée dans le département de Lot-et-Garonne, à part divers points du département des Landes où les métairies sont assez rapprochées, tout le reste est livré à la vaine pâture, fléau destructeur auquel les propriétaires, malgré leurs efforts, ne peuvent s'opposer, et que la routine ou plutôt la nécessité, cherche à conserver à tout prix tant que l'agriculture ne sera pas perfectionnée.

Combien de fois a-t-on vu d'épouvantables incendies, allumés par la main des bergers, dévorer de vastes semis de pins sortis à peine des sables et qu'une pensée inutilement prudente avait mis en défends.

Dans les parties cultivées, l'agriculture tend à se perfectionner. Quelques propriétaires ont montré l'exemple ; nous allons voir comment ils ont opéré.

Le sol des Landes est composé de deux couches superposées de nature bien différente, c'est du sable supérieurement et de l'argile au-dessous.

A la surface, la couche sablonneuse est mélangée de détritus des plantes qui y végètent. Ce mélange, appelé *terre de bruyère*, a plus d'épaisseur dans les endroits où les eaux de pluie croupissent pendant l'hiver, parce qu'elles y déposent les molécules d'humus qu'elles ont enlevé aux lieux plus élevés d'où elles se sont écoulées.

Le sol perdrait bientôt de son aridité si l'humus pouvait s'accumuler et rester à la surface ; mais à mesure qu'il se forme il est délayé par les eaux pluviales qui l'entraînent en s'infiltrant. Cela s'observe surtout dans les sables cultivés qui sont dans un état presque permanent de mobilité et où la couche supérieure, après une pluie abondante, au lieu de ressembler à de la terre de bruyère, n'offre qu'un sable pur et cristallisé comme celui des dunes.

De cette circonstance découle une double indication : 1° remplacer par d'abondants engrais l'humus qu'il est impossible de fixer ; 2° ne pas employer, dans ce but, du fumier trop décomposé, trop poudreux. Les fumiers dans ces contrées conviennent parfaitement du reste, puisque la litière des troupeaux est faite avec des bruyères hachées et que ces débris ligneux, ne se décomposant qu'insensiblement, restent plus longtemps engagés dans les sables où ils sont enfouis. [1]

Un autre moyen de donner de la fertilité aux Landes est indiqué, d'une manière évidente, par la nature elle-même. Dans le canton de Houeillès se trouve la butte de Tillet qui est terminée, sur une étendue de cinq cents mètres environ, par une couche superficielle de marne argileuse. Les molécules de cette marne entraînées par les eaux de pluie sur les sables, les ont transformés jusqu'à une assez grande distance en un terrain de première qualité.

N'est-ce pas là une indication manifeste de la nécessité de mélanger l'argile et le sable pour fabriquer une terre féconde ? Or ce mélange est facile et

---

[1] *De la culture des céréales dans les Landes*, par M. BARTAYRÈS, secrétaire de la Société d'Agriculture, Sciences et Arts d'Agen.

serait peu dispendieux, car l'argile affleure sur presque toute la lisière de nos Landes.

C'est ce double moyen de fertilisation, les *engrais* et *l'argile*, que des agriculteurs intelligents emploient avec un immense avantage dans l'intérêt bien entendu de leurs cultures et de l'élève des chevaux. Chez eux les fourrages abondent et les animaux s'améliorent.

Plusieurs propriétaires ont montré, en suivant ces principes, la toute puissance de l'art sur une nature ingrate. A Guillery, M. Dudevant a transporté au milieu des sables toute la fertilité et toute la richesse de la vallée de la Garonne.

Cet exemple a été suivi. La Société d'Agriculture, Sciences et Arts d'Agen donne tous les ans des prix aux propriétaires des Landes, qui cultivent avec le plus de succès et en plus grande quantité sur un terrain donné, les diverses racines et plantes fourragères destinées à la nourriture des animaux. Elle trouve aisément à placer ces récompenses. Les propriétaires qui sont entrés les premiers dans la voie du progrès et qui ont obtenu des primes sont MM. Faure, à Pindères ; Peyrou, vétérinaire, maire de Sauméjan ; Dudevant, à Houeillès ; Labat, métayer, etc. — Nous rappelons surtout le nom de ce dernier pour prouver que les améliorations préconisées sont à la portée de toutes les intelligences et de toutes les ressources, qu'on n'a pas besoin de grands revenus pour mêler l'argile au sable qui la couvre et pour faire un terrain excellent avec des substances stériles chacune en particulier.

Un principe de progrès qui se généralisera, nous l'espérons, est jeté dans l'agriculture landaise, grâce aux encouragements prodigués depuis quinze ans par cette Société savante à laquelle on ne saurait accorder trop d'éloges pour les efforts qu'elle fait en vue de la prospérité de ce malheureux pays.

On le conçoit, les agriculteurs dont nous venons de citer les noms, peuvent, en fait d'élevage, arriver à des résultats bien autrement avantageux que ceux de leurs voisins qui, loin de les imiter, continuent à s'abandonner aux lois d'une aveugle routine.

Si jusqu'ici le nombre des propriétaires qui ont bien nourri et élevé de bons chevaux a été fort restreint, ce nombre augmentera en mesure des perfectionnements agricoles. Les prairies artificielles se propagent peu à peu. Les expériences prouvent que ces cultures améliorent le sol des Landes, et qu'on peut très bien y faire venir le sainfoin, les diverses espèces de trèfle, et que la betterave prospère dans les terrains frais. Le nombre des prairies de toute espèce ne saurait être trop augmenté, d'abord dans les points où l'arrosement serait possible, nous voulons dire *facile*, car il est *possible* partout. Les eaux dispensées avec mesure pourraient fertiliser les sables et les plages couvertes de bruyères, tandis qu'elles croupissent dans des bas-fonds où croissent des plantes nuisibles et d'où s'échappent des exhalaisons malsaines.

S'il est vrai, comme le dit si justement un auteur anglais, [1] dans un chapitre sur les irrigations, s'il est vrai que « les effets fertilisants de l'eau sont un de ces phénomènes naturels que tout le monde observe »; s'il est vrai que « l'eau est aussi essentielle à la vie végétale que l'air à la vie animale », pourquoi ne creuserait-on pas des canaux d'irrigation qui porteraient dans une terre morte la vie et la fécondité.

Établir des fossés d'écoulement pour dessécher les marais, creuser des bassins pour tenir en réserve l'eau qui stagne en pure perte, tels sont les premiers moyens déjà depuis longtemps préconisés, afin d'imprimer une direction nouvelle à l'agriculture des Landes. Les friches tendraient alors à diminuer. Le bien-être des habitants et l'amélioration des chevaux ne seraient plus en question. Mais ce sont là de ces mesures coûteuses dont le gouvernement seul peut prendre l'initiative.

Un grand exemple de ce que peut l'intelligente activité de l'homme sur les terrains incultes, nous est offert par un agronome éminent, M. Jules Rieffel, directeur de la colonie agricole de Grand-Jouan. Nous avons lu, en 1846, dans la *Démocratie pacifique,* que depuis plus de vingt ans les travaux de défrichement font l'occupation de sa vie; qu'il a mis en culture plus de cinq cents hectares de bruyères; qu'il a peuplé d'hommes et de troupeaux un pays

[1] Lowe, *Traité d'Agriculture.*

absolument désert, et qu'il est au centre de plusieurs milliers d'hectares livrés au défrichement.

Le gouvernement belge est entré aussi dans un vaste système de travaux pour favoriser la culture des terres vagues, en les préparant pour l'irrigation. Ne pourrait-on pas tenter dans les Landes de Gascogne ce qui a été essayé avec succès en Bretagne, ce que l'on entreprend avec bonheur en Belgique ? Les mêmes moyens amèneraient sans doute des résultats identiques.

C'est ainsi que le domaine de l'agriculture s'étendrait peu à peu, et que les végétaux utiles empièteraient sur les plaines arides.

C'est ainsi qu'on pourrait obtenir des bestiaux, des engrais, des prairies et d'abondants fourrages qui manquent aujourd'hui pour nourrir les élèves.

Mais l'art a beaucoup à faire encore pour vaincre une semblable nature. Espérons du temps et de constants efforts la réalisation d'améliorations si désirables et auxquelles est attaché le perfectionnement de la race chevaline des Landes.

Il est facile de se convaincre par l'exposé de ce qui précède que les éleveurs ont une tâche bien différemment onéreuse à remplir suivant qu'ils habitent l'une ou l'autre des divisions agricoles du Lot-et-Garonne.

Les uns n'ont qu'à vouloir : le climat, la culture, le sol, les débouchés, tout les seconde ; les autres ont à se débarrasser des langes de la routine et à lutter

contre une terre ingrate ; les premiers n'ont à vaincre qu'un obstacle, les seconds reculent devant une
double difficulté ; ceux-là manquent du savoir qui
leur ferait avantageusement utiliser les ressources
dont ils disposent, ceux ci manquent et d'intelligence
et de ressources.

SECONDE PARTIE.

DES PRINCIPES LES PLUS RATIONNELS D'ÉLEVAGE ET DES RÈGLES QUI DOIVENT GUIDER LES PROPRIÉTAIRES DANS LES SOINS A DONNER AUX POULINIÈRES ET A LEURS PRODUITS.

CHAPITRE PREMIER.

Un éleveur digne de ce nom doit avant tout bien choisir la jument dont il veut faire une poulinière. Ce choix ne donne pas seulement la mesure de son intelligence, il a une portée bien autrement importante, puisqu'il décide des résultats plus ou moins lucratifs de ses opérations.

Les considérations dans lesquelles nous sommes entrés à cet égard, peuvent se résumer dans les propositions suivantes :

1° Les poulinières doivent être jeunes, bien portantes et non tarées. A l'exception de ces bêtes privilégiées, de ces excellentes poulinières qui donnent toujours de bons produits et que l'on conserve jusqu'à la mort, il ne faut jamais livrer, pour la première fois, à la reproduction une jument qui a plus de quinze ans. On comprend qu'on ne saurait trop écarter celle qui en a moins de quatre ou qui est affectée de quelque maladie, défaut ou vice grave, acquis ou congénial;

2° Il ne faut pas faire servir à produire des chevaux, des bêtes que leur conformation massive rend particulièrement aptes à la production des mules;

3° Pour féconder les poulinières légères qui dans le Midi doivent être employées à produire des chevaux, on recherchera toujours, afin de contrebalancer les défauts qui prédominent en elles, des demi-sang près de terre et surtout des étalons d'origine orientale, ayant pour qualités premières une large membrure et le rein court.

Nous avons cru devoir insister sur ces principes, à l'observation desquels sont attachés l'intérêt des éleveurs et l'amélioration de l'espèce. Mais en réglant le choix des juments mères, en indiquant les étalons les mieux appropriés au pays, nous n'avons fait qu'un premier pas dans ces instructions. Nous allons étudier maintenant les phases diverses par lesquelles passe la poulinière depuis l'époque de la monte jusqu'au moment du sevrage, et nous arriverons ensuite à l'éducation détaillée du poulain depuis sa naissance jusqu'à l'âge où il sort des mains de l'éleveur, jusqu'à l'âge de quatre ans.

§ I. — DE LA MONTE OU SAILLIE.

On saisit pour faire saillir les juments le moment où elles sont en chaleur. Tous les éleveurs connaissent les principaux signes par lesquels la chaleur se manifeste : campements fréquents comme pour uriner; écoulement par les parties naturelles d'un liquide visqueux, blanchâtre; gonflement des lèvres de la vulve, agitation continuelle, hennissements fréquents.

Ces signes apparaissent au printemps. C'est, du reste, l'époque la plus convenable pour l'accouplement.

En effet, bien que l'état particulier d'excitation dans lequel se trouvent les juments à l'époque des chaleurs, ne soit pas rigoureusement indispensable à la fécondation, il la favorise; ensuite, la durée de la gestation étant de onze à douze mois, les femelles mettent bas au printemps de l'année suivante, c'est-à-dire, à une époque où les influences atmosphériques sont favorables et où une végétation nouvelle est très propre à fournir les matériaux d'un bon lait.

Le beau temps et la chaleur sont toujours favorables au developpement des jeunes animaux. Les poulains qui naissent de bonne heure gagnent presque un an sur ceux qui naissent trop tard, et qu'on nomme *poulains d'hiver*. Ceux-ci arrivent, très faibles encore, aux premiers froids qui souvent les éprouvent d'une manière fâcheuse. En outre, le sevrage est pour eux beaucoup plus pénible, puisque l'herbe verte leur fait complètement défaut.

Certaines personnes se disent possesseurs de remèdes secrets qui, suivant elles, provoquent l'apparition des chaleurs et font *retenir* sûrement les femelles les plus rebelles à la fécondation. Nous devons prémunir nos lecteurs contre ce charlatanisme. La science et la raison répudient également l'emploi de ces moyens. C'est une pratique irrationnelle qui peut avoir des inconvénients pour la santé des poulinières et qui, à coup sûr, n'influe pas le moins du monde sur la facilité de la conception, au contraire. — Il vaut donc mieux s'abstenir de toute drogue, si innocente qu'elle soit, et attendre que les chaleurs se développent naturellement sous l'influence d'un bon régime et de la présence du mâle. — Tout ce que l'on pourrait faire, ce serait de donner quelquefois, dans la ration d'avoine, une poignée de baies de genièvre concassées.

Sous prétexte de favoriser la fécondation, beaucoup de personnes croient que toutes les juments doivent être saignées avant ou après la saillie. Cette mesure est vicieuse ainsi généralisée. Nous approuvons qu'on l'adopte dans quelques cas; nous comprenons que la saignée puisse, chez les bêtes en bon état d'embonpoint, déjà saillies trois ou quatre fois et chez qui les chaleurs ne sont pas encore éteintes, produire une perturbation salutaire et favorable à la conception; mais les saigner toutes indistinctement, saigner, par exemple, celles qui viennent de mettre bas et qui nourrissent, est une pratique condamnable, en ce sens qu'elle peut ne pas être seulement inutile. Employée sans nécessité, elle peut devenir nuisible aux poulinières.

Les juments pouvant être à la fois mères et nourrices, il est de l'intérêt des propriétaires de les faire produire tous les ans. On les conduit à la saillie huit ou dix jours après le part. Il est d'observation qu'elles ne retiennent jamais plus sûrement. [1]

Nous ne saurions trop recommander de ramener les juments doucement après la saillie et de ne pas les soumettre à un travail trop pénible les premiers jours. Beaucoup de personnes croient que pour les faire retenir il faut les ramener vite, inonder la croupe d'eau fraîche, les battre, les faire courir; ce sont là des pratiques vicieuses. L'état de calme est aussi nécessaire à la fécondation que ces violences sont nuisibles. Toutefois, avant la saillie, une course un peu rapide est utile, parce que les juments, fatiguées par cet exercice, reçoivent plus paisiblement l'étalon et retiennent mieux.

§ II. — DE LA GESTATION. — SIGNES QUI ANNONCENT QU'UNE JUMENT EST PLEINE. — SOINS QUE RÉCLAME LA POULINIÈRE PENDANT LA GESTATION. — AVORTEMENT.

L'état dans lequel se trouvent les femelles qui ont été fécondées depuis le moment de la saillie jusqu'à

---

[1] *Maison rustique du* XIXe *siècle.*

l'époque de la mise-bas, prend le nom de *gesta-tion.*

Le premier signe qui l'annonce, c'est la cessation des chaleurs. La jument reste indifférente aux caresses du mâle; elle le repousse même avec violence, et pour nous servir du mot consacré, elle *refuse.*

Cela se passe ainsi généralement, bien qu'on ait vu des juments refuser sans être fécondées, et d'autres montrer des signes de chaleur, même après la conception.

Aucun autre signe ne trahit l'état de plénitude avant le sixième mois. A cette époque seulement, on reconnaît que le ventre a pris du développement; la croupe s'est affaissée ; les hanches sont plus saillantes et le fœtus commence à exécuter des mouvements, très peu sensibles d'abord, qui deviennent plus appréciables de jour en jour. Ces mouvements sont perceptibles surtout immédiatement après que la jument a bu de l'eau fraîche; aussi emploie-t-on ce moyen pour en provoquer la manifestation.

Il faut, toutefois, se garder d'en abuser ; car les soubresauts du fœtus sont occasionnés alors par l'état de malaise où le met la présence de l'eau froide dans l'estomac. L'avortement peut en être la conséquence.

Nous ne saurions trop nous élever à ce propos contre une pratique funeste qui consiste à abreuver les poulinières, pendant l'hiver, aux mares ou aux réservoirs des fontaines, après en avoir brisé la glace. C'est là une cause malheureuse de nombreux avortements qu'on pourrait parfaitement éviter.

Vers les derniers mois, la poulinière devient paresseuse, lente dans ses mouvements ; elle cherche le repos ; son caractère se radoucit ; enfin, ses mamelles se gonflent peu à peu jusqu'au moment de la mise-bas. S'il restait quelque incertitude sur l'état de gestation d'une jument, ce signe qui apparaît le dernier, lèverait tous les doutes.

§ III. — DU TRAVAIL DES JUMENTS PLEINES. — NÉCESSITÉ DE LES BIEN NOURRIR ET DE LES PANSER RÉGULIÈREMENT. — PRÉCAUTIONS A PRENDRE POUR ÉVITER L'AVORTEMENT.

Une poulinière pleine peut sans inconvénient être livrée à son travail ordinaire jusqu'au neuvième ou au dixième mois. On ne doit pas en exiger de trop violents efforts, on doit l'utiliser avec ménagement ; mais il est constant que le repos absolu lui est plus nuisible qu'avantageux.

Nous lisons dans le travail d'un vétérinaire qui a habité longtemps l'Egypte, Hamont :

« Les Bédouins aiment mieux monter les juments que les étalons, et ils ont pour principe de ne pas les ménager jusqu'au neuvième mois de la gestation ; ils prétendent que pour donner de bons poulains, les juments en état de plénitude doivent courir. [1] »

Grognier rapporte à cet égard un fait assez curieux : [2]

Une jument navarrine qu'on ne présumait pas avoir été saillie avec fruit, fut préparée pour les courses. Elle se montra avec le plus grand succès dans l'hippodrome, et gagna un prix ; « le cours de la gestation ne fut point troublé par le régime incendiaire auquel elle fut soumise pour être préparée à la course ; et ses élans rapides dans la carrière où elle fut couronnée, ne portèrent nulle atteinte au fœtus qu'elle ballotait dans ses flancs ; elle mit bas très heureusement et nourrit très bien son poulain. »

Nous avons vu une jument abandonnée à une inaction complète, avorter pendant trois années consécutives, malgré toute espèce de précautions. Le propriétaire la fait saillir de nouveau et la cède à un maître de poste qui l'emploie sans ménagement au service de la malle. La jument fait ce rude travail pendant dix mois, et après deux mois de repos, elle met bas le plus heureusement du monde.

Nous citons ces exemples pour prouver que si des juments pleines peuvent sans danger résister à la fatigue et aux courses véhémentes, à plus forte raison peuvent-elles exécuter un travail continu et

---

[1] *Recueil de Médecine Vétérinaire*, 1842.
[2] *Cours de multiplication.*

modéré. Malgré l'autorité de ces faits, nous conseillons de ne les faire trotter ni galoper vers les derniers temps et de les employer au trait plutôt qu'à la selle.

Si elles peuvent, si elles doivent travailler, les poulinières doivent aussi recevoir une bonne nourriture, et cela avec d'autant plus de raison que, suivant l'expression vulgairement employée, *elles mangent pour deux*.

On se contente le plus souvent de les abandonner la majeure partie du temps dans les pacages, sans leur donner à l'écurie autre chose que de la paille. C'est un tort ; les mères mal nourries ne donnent que des produits médiocres. Sans trop s'écarter de cette stricte économie dans laquelle nos éleveurs semblent tenir à cœur de se renfermer, on devrait accorder aux poulinières un supplément de nourriture à l'écurie.

Si nous insistons particulièrement sur ce conseil, ce n'est pas seulement pour engager les éleveurs à bien nourrir leurs poulinières. Une autre raison très importante nous engage à le donner. « Un supplément de nourriture au ratelier est nécessaire le matin aux juments qui vont dans les pâturages, dit M. Magne ; l'estomac en partie rempli de foin est moins sensible que s'il était vide à l'impression que tend à produire l'herbe couverte de rosée ; les aliments pris au ratelier préservent aussi le fœtus de l'effet du froid ; quelques bouchées d'herbe, quelques gorgées d'eau froide prises par une pouli-

nière qui est à jeun, peuvent occasionner l'avortement. » [1]

Ce qui serait bien nécessaire aussi et ce qui néanmoins est trop généralement négligé, c'est de panser régulièrement les bêtes pleines. On voit souvent
dans les métairies des poulinières qu'on n'étrille jamais, qui sont couvertes de poussière et souillées
par le fumier. Ce défaut de propreté est plus pré-
judiciable qu'on ne pense à leur santé. Un pansement journalier entretient au contraire celle-ci en
aidant au facile accomplissement des fonctions de la
peau et réagit avantageusement sur les qualités des
jeunes animaux. La seule précaution à prendre,
c'est de ne pas promener l'étrille sur la région du
ventre. Cette partie étant très-sensible, le chatouil-
lement produit par les instruments de pansage sur
le flanc et par extension sur la matrice, pourrait provoquer l'expulsion prématurée du produit de la conception.

Il faut que la nécessité de nourrir et de panser
convenablement les poulinières soit bien comprise,
car le défaut de soins et une alimentation composée
de fourrages de mauvaise qualité, sont deux circonstances plus que suffisantes pour que l'avortement
se produise.

D'un autre côté, il ne faut pas qu'un surcroît de
précaution et qu'un excès de zèle fasse outrepasser

---

[1] *Traité d'hygiène vétérinaire appliquée.*

de justes limites. On évitera de donner aux poulinières arrivées aux derniers mois de la gestation des aliments trop nutritifs, trop succulents, des carottes par exemple. Il est d'observation que l'excitation produite par un régime trop riche est contraire à leur santé, et que l'embonpoint exagéré leur devient funeste en les faisant avorter.

L'avortement ne peut pas toujours malheureusement être prévenu parce qu'il est parfois le résultat de circonstances placées au dessus de toute prévoyance humaine. Mais comme c'est un accident doublement grave en ce qu'il détruit sans retour les espérances du producteur, et que certaines poulinières peuvent en être affectées au point d'en prendre une sorte d'habitude, ou de concevoir difficilement et même de rester infécondes, on ne saurait mettre en œuvre trop de précautions pour en éloigner les chances.

Ainsi, à part les indications que nous venons de donner relativement à la nourriture, au pansage, à la boisson des poulinières, il en est d'autres tout aussi importantes que nous allons mentionner et qu'il serait imprudent de négliger.

On fera en sorte que le sol de l'écurie soit à peu près horizontal. Il ne faut pas qu'il présente une inclinaison trop prononcée et que les bêtes aient le train postérieur beaucoup plus bas que le train antérieur. Cette inclinaison ne doit pas être de plus de trois centimètres.

L'opportunité de cette indication est facile à comprendre. On évite, ainsi, que le fœtus soit refoulé en arrière et que les viscères voisins pèsent sur lui de manière à en provoquer l'expulsion avant le terme fixé par la nature.

Les secousses dans les brancards, les allures trop rapides, les coups d'éperons violemment donnés, les pressions en passant par des portes trop étroites, sont autant de causes d'avortement qu'il est aisé d'éviter en prenant les précautions convenables

Si malgré une surveillance assidue l'avortement survient, bien que certaines juments ne paraissent pas s'en ressentir beaucoup, il convient de faire appel aux lumières d'un vétérinaire dont les conseils et les secours sont souvent indispensables dans ces circonstances. Nous ne devons donc pas parler ici de ce qui est du ressort de la science des accouchements; disons seulement que lorsque l'avortement se manifeste vers les derniers temps de la gestation et que les mamelles s'emplissent et deviennent douloureuses, il faut tenir la jument à une demi-diète et lui donner de l'eau blanche tiède.

§ IV. — DE LA MISE-BAS.

Mais supposons que nul accident n'interrompe le cours régulier de la gestation et que la mise-bas s'effectue au temps et dans l'ordre naturels, nous allons examiner comment elle s'accomplit et quels soins réclament la mère et le jeune poulain.

La jument porte son fruit trois cent trente jours

en moyenne. C'est donc vers le douzième mois qu'arrive le moment de la mise-bas et que s'annoncent les derniers signes qui la précèdent. Il serait prudent de déferrer la poulinière prête à mettre bas, de la placer dans une loge fermée sans l'attacher et de caresser souvent ses mamelles pour l'habituer à se laisser têter.

Lorsque le ventre est très distendu, que les mamelles se gonflent, que les mamelons se roidissent, deviennent sensibles et laissent échapper un liquide séreux qui s'écoule goutte à goutte, que les parties naturelles se tuméfient et s'humectent d'une matière glaireuse et filante, on peut être certain que l'accouchement n'est pas éloigné. La jument se pose comme pour uriner ; elle est inquiète, agitée ; elle piétine, remue sa queue, change de position, se couche et se lève souvent.

Enfin, les efforts expulsifs commencent. Une sorte de vessie formée par les membranes qui enveloppent le fœtus et renfermant les eaux dans lesquelles il nage, apparaît à l'ouverture de la vulve. C'est ce qu'on nomme en terme vulgaire la *bouteille*.

Bientôt les eaux contenues dans cette vessie s'écoulent ; les pieds antérieurs du jeune sujet apparaissent, puis le bout du nez appuyé sur eux. Les différentes parties du corps se montrent successivement ; le poulain glisse sur les jarrets de sa mère et tombe doucement sur la litière qu'on a eu le soin de préparer à l'avance.

Quand le part s'annonce et s'effectue de cette ma-

8

nière , on doit rester simple spectateur du travail de
la jument et laisser la nature achever seule son œuvre. Toutefois , il est un moment où un secours
intelligent pourrait être opportun ; c'est lorsque les
épaules et la poitrine du fœtus se présentent à l'ouverture extérieure de la matrice. Alors la mère redou-
ble d'efforts , et l'obstacle offert par ces parties , dont
le diamètre est considérable , est ordinairement assez
vite surmonté. Dans les cas rares où ces efforts sont
trop prolongés et trop douloureux , on donne un la-
vement d'eau tiède à la jument, et quand elle l'a re-
jeté , on saisit le poulain par les pieds et l'on tire légèrement pour aider la mère. Une précaution à ne
pas oublier , c'est de faire toujours coïncider les trac-
tions opérées avec les efforts de la jument.

Tel est le part naturel. S'il s'annonce d'une manière différente ou s'il se prolonge trop , il faut recourir aux soins d'un homme de l'art.

On doit s'assurer, aussitôt que le jeune sujet est
né, s'il n'y a pas écoulement de sang au cordon
ombilical. Dans ce cas , qui se présente fort rarement du reste , on fait une ligature pour arrêter
l'hémorragie.

Il convient de bouchonner exactement et de cou-
vrir la jument qui vient de mettre bas. On ferme les
ouvertures de l'écurie pour mettre la poulinière à
l'abri des courants d'air et des insectes; on lui donne
de l'eau tiède blanchie avec un peu de son ou de
farine d'orge, puis on lui présente son poulain afin

qu'elle le débarrasse, en le léchant, de l'enduit muqueux qui le recouvre.

Certaines juments, surtout parmi celles qui mettent bas pour la première fois, négligent ce soin instinctif. Il faut alors essuyer et sécher le poulain, ou bien le saupoudrer avec un peu de sel ou de farine d'orge. Ces substances appétissantes portent la mère à le lécher.

§ V. — DE L'ALLAITEMENT.

Ces premières précautions prises, il faut faire téter le jeune animal et le soutenir, s'il est trop faible pour saisir le mamelon lui-même, ou si la mère le repousse, ce qui arrive quelquefois chez les jeunes poulinières qui sont chatouilleuses ou dont le pis est douloureux.

Dans ces cas, on calme la douleur par des lotions adoucissantes; on caresse la jument et on lui donne des aliments dont elle soit friande, pour détourner son attention et la faire rester en repos pendant que le poulain prend la mamelle. Il est rare qu'on soit obligé d'user longtemps de pareils soins. Toute résistance de la part de la mère est ordinairement bientôt vaincue.

Si la faiblesse excessive du poulain l'empêchait de se tenir debout et même de saisir le mamelon, il faudrait traire la mère et donner au petit le lait encore chaud, ou lui faire avaler quelques œufs frais.

Certaines personnes croient qu'il ne faut pas que les jeunes animaux prennent le premier lait de leur mère ; elles le regardent comme pernicieux, et elles le font jaillir sur le sol en exprimant le pis. C'est un préjugé. « Le premier lait des femelles de tous les animaux, dit Tessier, a toujours une qualité proportionnée à la faiblesse de leurs petits ; il est destiné par la nature à évacuer le *meconium*, c'est-à-dire les excréments amassés dans leur estomac et leurs intestins, et dont le séjour est très-nuisible. »

Après la mise-bas, il faut au moins laisser dix jours de repos à une jument avant de lui faire reprendre ses travaux habituels. Ce délai est également nécessaire avant de la ramener à l'étalon.

« La jument qui allaite, dit la *Maison rustique*, doit être bien nourrie, car c'est la nourriture qui fait le bon lait, et c'est le bon lait qui fait les bons poulains. »

C'est là un avis fondamental dont nos éleveurs devraient faire leur profit. En fait de régime comme en toutes choses, il n'est rien de plus ruineux qu'une économie mal entendue, et on ne pourra arriver à des résultats fructueux qu'autant que la nourriture des animaux sera basée sur ces deux conditions : abondance et qualité.

Les poulinières doivent être d'autant mieux nourries, qu'on les fait saillir ordinairement quelques jours après la mise-bas, de sorte qu'elles portent un fruit et qu'elles allaitent l'autre. Il faut donc alimenter trois existences. Du reste, l'époque où elles mettent bas est favorable sous ce rapport. La saison est bonne, et l'herbe que les éleveurs ont à profusion suffit à la nourriture des juments.

Il convient de continuer, pendant tout le temps de l'allaitement si c'est possible, le régime du vert, qui est économique et favorable aux juments nourrices. Durant ce régime, il y aurait avantage, pour favoriser encore la sécrétion du lait, à leur donner tous les jours une petite ration de son, auquel on mêlerait parfois une poignée de sel.

Si l'on fait travailler la jument, il faut lui donner en outre deux ou trois litres d'avoine, de fèves trempées ou de millet.

Pendant l'hiver, c'est-à-dire pendant la saison qui pour les poulinières précède la mise-bas et suit le sevrage, ces bêtes sont généralement trop mal nourries eu égard à l'alimentation qu'elles reçoivent le printemps et l'été ; aussi maigrissent-elles beaucoup. On leur donne beaucoup plus de paille que de foin, rarement une faible ration de son, et jamais d'avoine. Quelquefois leur nourriture se compose des rebuts laissés par les bêtes bovines.

La ration d'une poulinière au sec devrait être de 8 kilogr. de fourrage, 4 kilogr. de paille, et 4 litres d'avoine au moins.

Elle doit être brossée, étrillée tous les jours, et abreuvée d'eau de rivière, de fontaine ou de puits, jamais d'eau stagnante ou de mare. Il serait bon que l'eau très froide fût puisée le matin pour le soir, et le soir pour le matin. Exposée à l'air, elle prend la température de l'atmosphère, et perd de sa crudité. Pendant l'hiver, il n'y a pas d'inconvénient à donner l'eau à sa sortie du puits.

Quelques jours après la naissance, le poulain peut suivre sa mère au pacage et au travail. Quand la jument fera une course un peu longue ou que la prairie sera trop éloignée, il sera utile de renfermer le poulain afin qu'il ne se fatigue pas hors de propos, et aussi afin d'accoutumer la mère à cette séparation, « parce qu'autrement l'état d'inquiétude et de tourment qui pourrait en résulter pour elle, exercerait sur la sécrétion de son lait une fâcheuse influence. Le poulain séparé de sa mère est mis avec d'autres, s'il est possible, et dans le cas contraire il est enfermé dans une écurie un peu sombre. La privation de la lumière l'empêche de se tourmenter et de se livrer à des ébats pendant lesquels il pourrait se blesser. » [1]

Cette séparation est nécessaire surtout vers la fin de l'allaitement, en ce qu'elle prépare la mère et le poulain au sevrage, qui a lieu ordinairement à l'âge de six mois. C'est une erreur de croire qu'il faille laisser téter les jeunes animaux plus longtemps. Déjà depuis le second mois ils ont commencé, en imitant leur mère, à prendre du foin tendre et de l'herbe fine au pâturage, de sorte qu'à six mois leurs organes digestifs sont habitués aux aliments

---

[1] *Maison rustique.*

solides, et que l'allaitement peut se terminer sans inconvénient ni difficulté. Ajoutons qu'il n'est pas nécessaire de faire téter six mois, surtout lorsque les nourrices sont pleines ; quatre ou cinq mois sont suffisants.

Il y a une observation très importante à faire au sujet des juments qui travaillent. On doit se garder de faire téter le poulain lorsque la mère arrive du travail tout en sueur ; il faut attendre qu'elle soit complètement reposée. L'expérience a démontré que, dans ces circonstances, le lait acquiert des propriétés funestes ; il donne des coliques et la diarrhée aux jeunes animaux. On a vu des cas où il a déterminé une inflammation grave de l'intestin et même la mort. Lorsqu'un poulain est malade à la suite de cet accident, on dit vulgairement qu'il a un *coup de lait*. L'expression est banale, mais l'accident est réel, et c'est à l'éleveur soigneux à l'éviter.

§ VI. — MANIÈRE DE NOURRIR LES POULAINS QUI SE TROUVENT PRIVÉS COMPLÈTEMENT OU EN PARTIE DE L'ALLAITEMENT MATERNEL

Jusqu'ici nous avons supposé que l'allaitement maternel pouvait s'accomplir sans obstacle.

Il peut arriver toutefois que la poulinière, par suite d'une maladie ou d'un accident quelconque, n'ait point de lait à donner à son nourrisson ou n'en ait qu'une quantité insuffisante. Cette circonstance doit éveiller au plus haut degré la sollicitude de l'éleveur. Les poulains souffrent beaucoup de la privation de nourriture. Des signes non équivoques trahissent l'état de souffrance d'un jeune animal non suffisamment allaité : il dépérit, son poil se pique, sa gaîté disparaît, et sa faiblesse ne lui permet plus de se livrer à ses ébats ordinaires; en outre il est d'une mauvaise défaite si on veut le vendre, et il devient un cheval d'un mauvais service si on le garde.

Il faut alors nécessairement suppléer, par des moyens que nous allons indiquer, à l'insuffisance, à l'absence ou à la mauvaise qualité du lait de la mère.

Si après un part laborieux la jument est faible, malade, incapable de nourrir son fruit, on doit, comme dans le cas où la poulinière meurt des suites de l'accouchement, recourir à l'allaitement artificiel.

Ce mode d'allaitement consiste à donner au poulain, à l'aide d'une bouteille, du lait tiède de vache ou de chèvre. On peut même l'accoutumer à boire tout seul, en lui mettant dans la bouche le doigt ou un bout de chiffon qui trempe dans un vase rempli de lait. Le poulain suce d'abord, et bientôt il hume le lait contenu dans le vase.

Le lait doit faire la nourriture exclusive des jeunes animaux dans les premiers jours qui suivent la naissance. Mais il peut arriver qu'on ne puisse pas s'en procurer facilement ou qu'on trouve ce régime longtemps continué trop coûteux, surtout aux environs des grandes villes où le prix du lait est élevé. Dans ces cas, il faut le remplacer d'une manière économique. On emploie avantageusement à cet effet la pulpe de carottes et l'infusion de foin.

Trois repas par jour sont nécessaires au poulain. On réduit en pulpe, au moyen de la rape ou en les écrasant, un kilo et demi de carottes; on jette ces carottes rapées ou écrasées dans trois litres d'eau bouillante, qu'on retire du feu au bout de cinq minutes. On divise le tout en trois rations, une pour chaque repas; on présente la ration au poulain après y avoir ajouté une poignée de farine d'orge, de seigle ou de son fin, et les premiers jours, pour l'accoutumer, une petite quantité de lait.

La carotte ne saurait être avantageusement remplacée par aucune autre racine fourragère. La betterave et la pomme de terre renferment, il est vrai, beaucoup de principes nutritifs, mais elles ne contiennent pas comme la carotte une huile essentielle, tonique, qui lui donne une certaine analogie avec l'avoine.

Si toutefois un propriétaire avait des pommes de terre qu'il voulût utiliser, il les donnerait mélangées par moitié avec des carottes, en ayant le soin de ne pas présenter au poulain l'eau qui aurait servi à la cuisson des tubercules. Cette eau se charge d'un principe âcre qui fait partie de leur substance.

En donnant des pommes de terre, il serait utile d'ajouter une petite cuillerée de sel dans chaque ration.

Voici une autre manière économique de nourrir avantageusement les poulains :

Pour chaque repas, on prend un demi-kilogramme de bon foin ; on le coupe et on le met dans un vase ; on jette dessus quatre litres d'eau bouillante, et on recouvre hermétiquement le vase. On laisse infuser pendant une demi-heure, puis on présente le tout au petit sujet, en y mélangeant dès le principe une certaine proportion de lait. Plus tard, l'infusion seule est présentée avec un peu de son fin. Non-seulement les jeunes animaux la boivent bien, mais encore ils s'habituent à manger le foin qui a servi à l'infusion.

§ VII. — DU SEVRAGE.

Pour vendre plus avantageusement les jeunes poulains, les éleveurs ont la louable habitude, dans certains pays de bonne production, de leur donner tous les jours, avant de les sevrer, quelques poignées d'avoine concassée. On ne pourrait assez se persuader combien cette nourriture est favorable au jeune produit, combien elle élève sa taille et augmente conséquemment sa valeur. A cet âge la constitution des jeunes sujets est tellement flexible, tellement malléable, si on peut ainsi parler, que les soins qui leur sont alors prodigués, relativement au régime alimentaire surtout, réagissent sur toute leur existence et décident de leur avenir.

L'influence d'un bon régime et la plus value qu'elle amène dans le prix vénal des animaux, doivent engager les propriétaires à bien nourrir les jeunes produits et à leur donner des grains concassés ou réduits en farine, ou cuits ou macérés dans l'eau, des carottes, des pommes de terre préparées comme nous l'avons dit plus haut.

Ces derniers aliments conviennent beaucoup aux poulains sevrés et « sont nécessaires pour nourrir et pour prévenir l'échauffement que tendrait à produire une nourriture sèche donnée seule à des animaux qui étaient habitués au lait. [1] »

C'est avec de semblables précautions et non pas en abandonnant tout aux soins du hasard, qu'on peut espérer d'arriver à de bons résultats. Ce n'est pas assurément pour compliquer l'élevage en le surchargeant de mille pratiques inutiles que nous donnons ces conseils : nous voulons le simplifier au contraire en démontrant qu'avec les éléments dont on dispose, mais avec plus de savoir et de volonté, on peut réaliser de plus grands bénéfices. Négliger par indifférence ou par incapacité une seule des indications que nous venons de donner, c'est s'exposer quelquefois à d'inévitables mécomptes.

Nous avons conseillé par exemple de retenir le poulain dans l'écurie lorsque la mère est conduite dans un pâturage éloigné. Supposons que ce conseil, futile en apparence, soit méconnu, qu'arrive-t-il ?

---

[1] Magne. *Traité d'Hygiène vétérinaire.*

Le jeune animal suit sa mère ; en route , il prend ses ébats , saute , gambade , galope ; il arrive suant et fatigué à la prairie ; il se couche sur l'herbe humide, et il peut contracter , sous l'influence de cette humidité , des maladies plus ou moins graves. Tel poulain reste maigre, chétif et sans valeur, dont la faiblesse et l'état de souffrance occulte ne peuvent être attribués qu'à la circonstance que nous signalons.

Nous ne terminerons pas ce qui a trait à l'allaitement, sans parler d'une précaution à prendre à l'égard de la jument après le sevrage.

Certaines poulinières bonnes nourrices sont très fatiguées par le lait lorsqu'on vend immédiatement leurs produits. Il faut les traire un peu quand les mamelles sont trop gonflées et douloureuses, diminuer leur ration journalière, et enfin les faire saigner ou les purger, si les premiers moyens ne suffisent pas pour tarir la sécrétion du lait.

Après le sevrage, il est de l'intérêt des producteurs de vendre leurs poulains. Produire et élever est une double tâche trop coûteuse et trop compliquée. En se débarrassant du jeune sujet, on réalise un bénéfice d'abord, et ensuite on peut reporter sur la jument dont on attend un autre fruit, des soins qui seraient insuffisants ou inefficaces s'ils étaient partagés.

CHAPITRE DEUXIÈME.

Manière d'élever les Poulains depuis le Sevrage jusqu'à l'âge de quatre ans.

Après le sevrage, les jeunes animaux ont contre eux deux circonstances défavorables : ils se trouvent privés du lait de leur mère, et comme ils naissent généralement au printemps, ils entrent à six mois dans la mauvaise saison. C'est aux éleveurs intelligents à veiller sur eux et à leur prodiguer, concernant le logement, la nourriture, le pansage, etc., des soins appropriés à leur faiblesse et à leurs besoins

A quelques exceptions près, nos cultivateurs logent mal les élèves. Souvent les écuries sont basses, humides, sombres, mal aérées, remplies de fumier où les animaux piétinent et dont ils respirent les émanations. Les vapeurs qui s'exhalent du fumier sont dangereuses pour les yeux des jeunes chevaux.

Signaler cet état de choses, c'est le condamner comme nuisible, surtout à l'organisation des animaux jeunes; et c'est pour cela que nous plaçons ici les considérations relatives aux écuries.

Des modifications profondes doivent être apportées dans la manière dont les animaux sont logés. Il en est une surtout qu'il est urgent d'indiquer pour faire disparaître, s'il est possible, un vice grave dans la disposition des écuries. Ce vice consiste à pratiquer un trou sous les pieds des chevaux pour y faire pourrir le fumier qui s'y accumule. C'est un double inconvénient. A part le défaut de propreté, il y a inconvénient pour les membres des jeunes sujets dont l'irrégularité du sol fausse les aplombs.

On ne saurait trop s'attacher à tenir l'écurie propre; à enlever les toiles d'araignées, à disposer le sol, qui devrait être préférablement pavé [1] en pente douce, de manière à faciliter l'écoulement des urines au-dehors; à porter le fumier au grand air au lieu de le laisser en tas dans un coin de l'habitation, comme on le fait trop souvent.

Dans quelques métairies on loge les juments dans l'habitation des bœufs, au fond de l'étable, et bien souvent elles sont obligées, pour entrer ou pour sortir, de passer avec leur poulain dans l'espace quel-

---

[1] Le pavage des écuries doit être fait avec des matériaux de petites dimensions, pour éviter les glissades. On emploie les cailloux, les morceaux de brique placés de champ. On peut encore former un très-bon sol avec la boue recueillie sur les grandes routes.

quefois étroit, disposé en arrière des bœufs. C'est un grand inconvénient qui peut être la source d'accidents fâcheux, et qu'il faut faire disparaître en pratiquant une porte près de l'endroit assigné aux poulinières.

Ce qu'il faut surtout s'attacher à éviter, c'est l'humidité. Il convient d'exhausser le sol de l'écurie de manière qu'il s'élève toujours au-dessus du terrain environnant.

« Le plus grave des inconvénients, dit Grognier [1], « est la communication avec le fenil par les inter-« stices des planches, d'où résultent, d'un côté l'al-« tération du fourrage, de l'autre la chute de la « poussière. On le prévient au moyen d'un carrelage « au fenil; et quand on ne veut pas le rendre com-« plet, qu'il soit au moins de quatre à cinq pieds « de largeur au-dessus de la tête des chevaux et des « bœufs. »

La hauteur du plancher devrait être au moins de quatre mètres. En moyenne, un cheval doit avoir une place de un mètre cinquante centimètres de long, sur un mètre quatre-vingts centimètres de large. Pour une poulinière suitée il faut un espace plus grand. Quelques éleveurs disposent une petite écurie pour y laisser en toute liberté la mère et son poulain. C'est une bonne pratique qui devrait être imitée quand on a des logements convenables.

---

[1] *Cours d'hygiène vétérinaire.*

Lorsqu'on élève plusieurs sujets, il convient, si on les loge dans la même écurie, de les isoler les uns des autres par des séparations fixes. Les séparations mobiles ne les préservent pas des accidents, des coups de pied, des embarrures, etc.

Le ratelier vertical est préférable au ratelier oblique. Les animaux sont moins exposés à recevoir sur la tête et dans les yeux les débris et la poussière qui tombent du fenil par les ouvertures ordinairement pratiquées au plafond pour donner passage au fourrage. Il vaudrait infiniment mieux d'ailleurs que ces ouvertures n'existassent pas, et qu'on mît le fourrage dans le ratelier directement devant les animaux.

Les mangeoires doivent être tenues dans un état permanent de propreté. Il faut les nétoyer quelquefois à l'eau chaude, surtout lorqu'on donne aux bêtes des barbotages. Le foin qui se répand et qui s'introduit dans les insterlices des planches s'aigrit très-vite, pendant les chaleurs notamment, et l'odeur qu'il exhale dégoûte les animaux.

Cela dit, passons aux trois conditions indispensables à l'éducation des jeunes poulains : l'air, le mouvement et la bonne nourriture.

La plupart des écuries, nous l'avons dit, manquent de la première de ces conditions ; elles sont tellement closes, que les miasmes putrides ne peuvent pas s'échapper, et qu'il y fait pendant l'été une chaleur étouffante. Il faudrait élever les planchers, établir des courants et pratiquer des ouvertures près du sol. Les jeunes animaux, restant constamment dans un milieu corrompu, sont malades, s'étiolent, et ne prennent aucun développement.

En toute saison, les poulains doivent sortir de l'écurie pour prendre un exercice nécessaire à leur santé et au développement normal de leurs forces, et surtout de leurs membres. Un enclos fermé, où on les lâcherait en toute liberté, serait très propre à cet usage. Il serait assurément beaucoup plus rationnel d'agir ainsi que de persévérer dans l'habitude nuisible de monter les chevaux très jeunes pour les promener, ou de les entraver pour les faire sortir. En les montant, on fatigue beaucoup leurs reins, trop faibles pour résister au poids du cavalier, et les liens de corde ou de fer dont on se sert en guise d'entraves, ont pour effet de produire sur le paturon des compressions très fâcheuses, et, par la suite, l'apparition de tumeurs osseuses désignées sous le nom de *formes*. Ces accidents déterminent des boiteries persistantes, nécessitent l'application du feu et les animaux, ainsi tarés, ne trouvent pas d'acquéreurs.

Après le sevrage, la nourriture qui conviendrait le mieux aux organes délicats des poulains, c'est l'herbe verte, et cette alimentation est précisément celle que, à cette époque, on peut le moins leur donner. Il faut donc soumettre ces animaux au régime sec.

Nous allons indiquer quel devra être ce régime; nous prendrons pour base de nos indications cette

9

vérité sur laquelle nous ne saurions trop insister, que pour avoir un bon cheval le développement du poulain doit être bien dirigé, et que la nourriture donnée dans la première période de son existence décide de sa taille et de sa force.

La ration journalière du poulain de six mois à un an, pendant l'hiver, doit être, en moyenne, composée de 4 kilogrammes de fourrage, foin, luzerne, sainfoin, etc., et de un litre et demi d'avoine.

Cette ration coûte 35 centimes, ce qui fait 10 fr. 50 c. par mois, et 63 fr. pour six mois.

L'avoine est une denrée chère et rare. On pourrait avantageusement la remplacer par les fèves macérées. L'hectolitre de fèves coûte 10 fr. comme l'avoine, mais un hectolitre de fèves macérées donne deux hectolitres, qui coûtent par conséquent moitié moins. La ration journalière de fèves macérées étant de un litre et demi, ne reviendrait donc qu'à sept centimes et demi.

Pour l'animal qui est habitué aux fèves, on n'a pas besoin de les faire macérer, on les concasse; elles sont peut-être alors moins nourrissantes, moins engraissantes, mais elles sont plus toniques. De Dombasle assure qu'elles ont une faculté nutritive à peu près double de celle de l'avoine. Quoiqu'il en soit, la fève est échauffante; il ne faut pas trop en donner aux poulains et se borner aux quantités que nous venons d'indiquer.

Pour bien nourrir un poulain, il faut faire tremper de l'avoine, des fèves, du millet ou du seigle dans de l'eau fortement salée, et lui donner chaque jour une jointée de ce grain ainsi macéré. On pourrait en donner également aux bêtes qui travaillent. Cette ration leur donne de l'appétit, de la vigueur, des chairs fermes, et un poil luisant.

Il est un usage très répandu en Angleterre, qu'il serait extrêmement avantageux d'introduire chez nous, dans la manière de nourrir les chevaux et surtout les poulains. Nous en parlerons ici. Il consiste dans l'emploi de mélanges de grains, préparés ordinairement à l'eau chaude. Les Anglais donnent à ces mélanges le nom de *masches*. Les meilleurs se font de la manière suivante :

On prend parties égales d'avoine et d'orge, un litre de chaque, par exemple ; on place ces grains dans un vase ; on ajoute une poignée de graine de lin et on verse sur le tout de l'eau bouillante assez pour humecter seulement le mélange.

Cette nourriture est divisée en deux rations que l'on administre, après refroidissement, l'une le matin l'autre le soir. Ces proportions conviennent pour un poulain d'un an. On peut les faire varier, du reste, suivant le nombre et l'âge des animaux qu'on élève. En place de l'orge, qui est pourtant préférable, on pourrait employer le seigle ou le froment Ces sortes de mélanges sont très nutritifs, mais il est bon de n'en faire que de petites quantités. On les prépare le matin pour la journée seulement, afin d'éviter la fermentation acide. Les masches peuvent encore être préparés à l'eau froide avec blé ou seigle , son et avoine, un tiers de chaque.

Nous avons dit que les carottes, les pommes de terre , les navets, constituaient une nourriture fraiche, qu'il serait très-avantageux de donner aux jeunes animaux. On pourrait même remplacer le grain par ces racines ; mais il faudrait que le litre et demi d'avoine fût remplacé par cinq litres de navets, ou par deux litres de carottes , ou par quatre litres de pommes de terre cuites ; les navets étant quatre fois moins nutritifs que l'avoine , la carotte deux fois moins , et la pomme de terre trois fois moins.

Pour aider aux bons effets d'une semblable nourriture , il est indispensable de pratiquer de temps à autre le pansement de la main , et de brosser soigneusement le jeune sujet. Qu'on n'oublie pas que *le pansage est la moitié de la nourriture.* Cette recommandation n'est pas inutile , car la plupart des poulains élevés dans notre pays sont couverts de poussière et d'ordure ; les fonctions de la peau ne s'exécutent que difficilement , et le prurit dont elle est le siège et que l'animal témoigne en se frottant aux corps étrangers et en se roulant à terre, est trop souvent l'avant-coureur de maladies cutanées plus ou moins graves , qui portent obstacle à la croissance et à la bonne venue.

A l'avantage de tenir les animaux propres , le pansage réunit celui de les accoutumer à la main de l'homme. C'est un commencement de dressage. On les prépare ainsi par le pansage, par des caresses et en leur donnant quelques friandises, du pain, du sel, etc., à l'éducation qu'ils recevront plus tard Il faudra les habituer à la ferrure en leur levant les pieds, et en frappant légèrement sur la corne avec un corps dur. C'est pour avoir négligé ce soin qu'on éprouve parfois des résistances opiniâtres de la part des jeunes chevaux que l'on ferre pour la première fois. On devra les habituer également à porter le licou et à demeurer attachés. Il serait bon toutefois de les laisser libres souvent, dans une stalle ou mieux dans une écurie bien garnie de litière.

Le poulain accomplit sa première année; sa nourriture va changer. Le printemps arrive et l'herbe des prairies, tant naturelles qu'artificielles, va faire son alimentation pendant plus de six mois.

Certains propriétaires laissent constamment les jeunes élèves dans les prés, attachés à un piquet, au moyen d'une corde assez longue; ils ne leur donnent rien à l'écurie : d'autres les nourrissent moitié à l'écurie, moitié au pacage. Ce système est préférable; il est beaucoup plus économique, surtout si on rationne les fourrages et si on règle les repas. Le pacage devrait être une distraction plutôt qu'une nécessité.

Il ne faut mettre les poulains dans les prairies que lorsque la rosée du matin est tombée; et quand on sera forcé de les conduire dans des pâturages humides, on aura le soin de leur donner un peu de fourrage sec avant de les faire sortir. On les retirera du pacage de bonne heure pour les préserver des fraicheurs de la soirée. Il serait bon aussi de les rentrer au moment de la grande chaleur, pour les soustraire à l'influence de la température élevée et aux piqûres des insectes qui les tourmentent

On n'a pas l'habitude de distribuer la nourriture par rations régulières et à des heures fixes. C'est un tort, même lorsqu'on donne exclusivement du fourrage vert à l'écurie.

Bien que le régime vert soit le plus convenable, bien que la nature fournisse abondamment à cette époque de quoi nourrir les chevaux, et qu'à la rigueur on puisse se dispenser, comme on le fait généralement du reste, de donner autre chose aux produits, il serait utile que les poulains trouvassent à l'écurie une ration de grains ou même de son.

Il est rare qu'on donne du grain en faisant prendre le vert. On est persuadé que le fourrage tendre suffit, parce qu'on le donne en abondance. On n'a pas tout-à-fait raison Le grain constitue une alimentation tonique que rien ne remplace ; et si on en donne aux jeunes sujets, on peut avoir l'assurance qu'ils acquerront des conditions de taille et de vigueur qui permettront d'en tirer un parti beaucoup plus avantageux.

Il suffirait de donner deux litres par jour d'avoine ou de fèves à un poulain d'un an pendant la saison du vert.

Deux litres d'avoine coûtent 20 centimes ; en six mois le poulain en consommerait trois hectolitres et demi, c'est-à-dire pour 35 fr.

Le fourrage vert est donné à discrétion. Il est impossible de calculer ce que les animaux mangent; toutefois, l'on devrait s'attacher à en donner tous les jours une quantité égale. Outre que ce serait agir selon les règles de la saine économie, on éviterait les écarts de régime, en régularisant les rations journalières.

Le foin ou les fourrages secs des prairies artificielles, la paille de froment ou d'avoine, constituent l'alimentation des élèves pendant l'hiver. On peut donner du son, mais à doses fractionnées et seulement en barbotage ou après l'avoir humecté, ou encore en le mélangeant avec des racines cuites et écrasées, des tubercules réduits en pâte.

Des analyses récentes faites par un chimiste, M. Millon, ont démontré que le son est une substance essentiellement alimentaire, en même temps que rafraîchissante, à cause de la gomme, des traces d'albumine et du sucre qu'elle contient.

Ce qui a contribué à répandre des opinions erronées sur le son, dit le *Moniteur agricole,* ce sont les accidents fréquents qu'il occasionne quand on l'administre sans précaution. En raison même de sa composition compliquée, du grand nombre de principes qui le constituent et qui le rendent susceptible de bien nourrir, il a la propriété de fermenter rapidement, de s'échauffer, de devenir aigre, et par suite d'occasionner des indigestions. Mais le son donné frais et bien administré ne saurait jamais être nuisible, au contraire.

Une des plus précieuses conquêtes de l'économie rurale, c'est l'introduction des fourrages des prairies artificielles dans l'alimentation des chevaux. Aujourd'hui on fait consommer beaucoup moins de foin que de sainfoin, de luzerne et de trèfle.

Cette substitution est avantageuse à un double point de vue, parce qu'elle est économique d'abord, et qu'ensuite elle est plus profitable aux animaux.

Toutes les personnes qui nourrissent avec le sainfoin ou la luzerne ont remarqué :

Premièrement, que leurs chevaux, poulains ou juments poulinières, étaient en très bon état et pouvaient parfaitement se passer d'avoine ;

Secondement, que lorsque le foin naturel est médiocre et qu'on veut néanmoins le faire consommer, il faut le mélanger avec du fourrage artificiel ; ce mélange corrige les mauvaises qualités du foin.

Des observations nombreuses ont établi en outre, et ceci n'est pas le moindre avantage des fourrages artificiels, que pour préserver les jeunes chevaux des atteintes de la fluxion périodique, il suffit de les nourrir abondamment avec des fourrages des prairies artificielles. Toutefois, nous pensons qu'à cet égard il ne faut pas trop s'exagérer l'importance de cette alimentation, que la principale cause de la fluxion périodique est l'insuffisance de la nourriture, et qu'on pourrait la prévenir tout aussi bien par tous autres aliments distribués avec intelligence, que par ceux dont nous nous occupons. Mais l'avantage n'en reste pas moins toujours à ces derniers, puisqu'ils coûtent moins à produire que les autres, et qu'ils permettent de bien nourrir à bon marché.

Les fourrages artificiels ne sont pas tous également nutritifs, également susceptibles de donner de la vigueur aux chevaux et d'améliorer leur santé. La différence à cet égard a été parfaitement constatée par des expériences concluantes faites dans des régiments de cavalerie. Les résultats obtenus ont conduit les expérimentateurs à classer les fourrages de la manière suivante :

En première ligne, le sainfoin ; [1]

En deuxième ligne, la luzerne de première coupe, et le regain de luzerne ;

En troisième ligne, le trèfle.

Ces considérations doivent engager les éleveurs à cultiver le sainfoin et la luzerne, et à nourrir préférablement avec ces fourrages les jeunes chevaux dont ils font l'éducation.

Il est des propriétaires qui réservent pour le bétail à grosses cornes les fourrages de toute espèce qu'ils récoltent ; ils n'en peuvent pas donner aux chevaux qu'ils alimentent avec de la paille, du son et du grain.

Avec ce régime, la ration journalière doit être de

---

[1] Dans nos contrées, on donne au *sainfoin* le nom de *luzerne*, et réciproquement. C'est une substitution de noms qu'il est bon de signaler pour bien s'entendre.

trois kilogrammes de paille , deux litres d'avoine et deux litres de son , pendant la seconde année.

La ration doit s'élever à quatre kilogrammes de paille, trois litres d'avoine et trois litres de son , pendant la troisième année, et elle est portée à cinq kilogrammes de paille , quatre litres d'avoine et quatres litres de son , pendant la quatrième année , époque où les poulains sont vendus.

C'est là également un bon régime d'hiver, mais ce n'est pas un régime à bon marché. Les éleveurs doivent le modifier suivant leurs ressources , et chercher à le rendre économique en remplaçant l'avoine par les fèves trempées, les gesces, les carottes et autres racines fourragères , ou la donner mélangée avec le millet , quand celui-ci se vend peu.

Un dernier conseil. — Il faut que les propriétaires éleveurs se pénètrent bien de cette idée, que dans notre pays, où les terres ont beaucoup de valeur, les animaux doivent pacager le moins possible. On économise en les nourrissant à l'écurie et en leur faisant suivre le régime d'hiver à peu près toute l'année. Il faut les mettre dehors quelquefois, mais c'est moins pour les faire paître que pour leur donner de l'exercice.

CHAPITRE TROISIÈME.

--

De la Castration. -- Influence qu'elle exerce sur la conformation et la force du Cheval, selon qu'elle est pratiquée à une époque plus rapprochée ou plus éloignée de la naissance. -- Inconvénients de la Castration tardive. -- Castration à la mamelle. -- Avantages qu'elle présente au point de vue de l'intérêt des Éleveurs, de la conformation et de la conservation des Chevaux, de l'amélioration des races et des Remontes de l'armée. -- Réfutation des objections faites à cette méthode.

Nous avons insisté sur le régime, c'est par là que nous avons commencé, parce que la nourriture est la base de l'élevage et le mobile des résultats futurs. La science de l'éleveur serait néanmoins incomplète si elle l'enseignait seulement à bien nourrir Ce serait l'essentiel, il est vrai, mais ce ne serait pas tout.

Indépendamment des soins directs, du pansage, du régime, il est d'autres mesures , telles que la castration, le dressage, la ferrure, qui doivent également attirer l'attention des éleveurs. De ces mesures, celle qui éveille le plus vivement leur sollicitude, c'est l'opération qui a pour but d'enlever aux poulains les organes de la génération

Les changements apportés dans l'organisation du cheval par la castration offrent de grandes différences et sont plus ou moins avantageuses, selon que l'opération est pratiquée à une époque plus rapprochée ou plus éloignée de la naissance. La question à résoudre est donc celle-ci :

A quel âge est-il convenable de châtrer, afin de provoquer les modifications les plus favorables et d'obtenir les meilleurs chevaux?

Cette question est aujourd'hui résolue. Malheureusement les préjugés s'en mêlent, et malgré les affirmations des observateurs les plus consciencieux, il y a des personnes qui persistent à croire que les chevaux sont d'autant meilleurs, qu'on les châtre plus tard. C'est là une idée contraire au résultat donné par l'expérience; c'est là une croyance fausse dont il faut faire justice une fois pour toutes.

Voici ce que nous dirons aux partisans de la castration à quatre ou cinq ans :

A cet âge, le cheval est adulte; les grands changements que la puberté provoque ont eu lieu; sous l'influence des organes générateurs, les parties antérieures du corps se sont très développées comparativement aux parties postérieures; la force et la vi-

gueur sont à leur apogée ; le caractère est formé
et porte presque toujours un cachet d'indépendance
et de fierté qui souvent le rendent vicieux ; alors la
croissance étant complète, l'organisme ayant revêtu
tous ses attributs, le mouvement progressif d'assi-
milation, ou pour être plus clair, d'*augmentation*,
s'arrête, s'achève, et le mouvement contraire va commencer.

Qu'on le dépouille alors des attributs du sexe
mâle, voici ce qui arrive : Les régions antérieures
tendent à diminuer ; les parties molles perdent sen-
siblement de leur volume ; l'encolure s'amincit ; la
tête seule, où prédomine le tissu osseux, reste grosse
et forte. Supportée par un cou trop grêle, elle donne
du décousu au cheval et peut fausser la régularité
de ses allures. De leur côté, la croupe étroite et poin-
tue, les cuisses plates et maigres, ne peuvent plus
acquérir le développement qui leur manque. Dans
toute l'économie se trahit le défaut de proportions et
l'absence de ces formes harmonieuses qui constituent
un bon cadre de cheval. En outre, les animaux passent subitement de cette énergie factice, de cette
fierté brillante empruntée à la seule présence des
organes générateurs, ils passent à un état de mol-
lesse et d'atonie, résultat inévitable de la suppression de ces organes qui avaient déjà profondément
réagi sur tout leur être. Ce qu'ils gardent seulement,
c'est leur caractère souvent difficile qui les rend
dangereux ou au moins peu maniables. Rarement on
a obtenu un bon service d'un cheval dont les testi-

cules ont été enlevés lorsque leur vitalité était trop
éveillée, lorsque *la vie presque toute entière a été
concentrée dans les parties auxquelles est dévolue
l'importante fonction de travailler à la reproduction
de l'espèce.* [1]

La castration tardive a donc une part très fâcheuse
dans les vices d'éducation des chevaux. Un écrivain
a dit que cette méthode était excellente pour obtenir
des rosses. Il s'est servi d'une expression dont l'expérience a démontré la justesse. M. Yvart l'a prouvé
avec la dernière évidence au sujet de la race nor-
mande. D'un côté, cette opération ne saurait alors
influer avantageusement *sur les formes des animaux, puisque déjà elles existent et que celles qui
dépendent de la disposition du squelette sont à jamais fixées;* [2] de l'autre, elle porte un coup funeste
à leur vigueur et à leur énergie, sans modifier leur
caractère, s'il est déjà vicieux.

Ainsi, au point de vue des individus, la castration pratiquée tardivement a plus d'un inconvénient.
Étudiée à un point de vue plus général, nous allons
voir qu'elle n'est pas moins fâcheuse, et qu'elle doit
être repoussée comme contraire à l'amélioration des
races et à la production des chevaux d'arme.

Exposons les conséquences qu'amène l'habitude de
conserver entiers les poulains jusqu'à l'âge de quatre ou cinq ans.

[1] *Dictionnaire usuel de Médecine vétérinaire.*
[2] *Maison rustique du XIXᵉ siècle.*

Les propriétaires de ces animaux, par calcul ou par complaisance, les livrent à la reproduction. On conçoit que ces étalons de hasard, sans qualités, sans caractère, issus eux-mêmes d'accouplements fortuits, transmettent à leurs produits leurs vices et leur conformation défectueuse, et ne peuvent conséquemment servir qu'à provoquer l'abâtardissement et la dégénérescence.

L'élevage de ces chevaux est d'ailleurs mal aisé ; il y a inconvénient à les abandonner avec les pouliches qu'ils fécondent souvent de très bonne heure, sans profit assurément ni pour les femelles, ni pour les fruits qu'elles donnent. On les dresse fort difficilement quand le dressage est possible, et le dressage est une considération importante qui intéresse au plus haut degré la question des débouchés et surtout les remontes.

Sous ce dernier rapport, la castration tardive offre un autre inconvénient.

Plusieurs faits attentivement suivis nous ont paru établir que tels chevaux qui seraient restés propres au trait s'ils avaient été châtrés tard, sont devenus aptes à la selle ou à deux fins lorsqu'ils ont été châtrés de bonne heure. « Le cheval non castré, ou castré à quatre ans seulement, dit M. Moll, devient, toutes choses égales d'ailleurs, plus lourd, plus massif, moins propre à la selle et au trait accéléré que l'animal castré avant l'âge de deux ans. Tel limonier serait devenu cheval de cuirassier ou de voiture, s'il avait été castré à cette époque. » Or, il est de l'intérêt des éleveurs d'avoir un cheval de selle à vendre plutôt qu'un cheval de trait.

Ainsi, développement irrégulier, conformation défectueuse, force et vigueur amoindries, caractère vicieux, difficultés dans le dressage, inconvénients pour l'amélioration, telles sont les conséquences fâcheuses de la castration tardive, conséquences qui doivent la faire abandonner comme nuisible au triple point de vue des races, des individus, des services auxquels on les destine, et par suite de l'intérêt des éleveurs.

Puisque pour toutes les raisons que nous venons d'émettre, raisons dont nos lecteurs apprécieront, nous n'en doutons pas, la justesse, il faut se garder de châtrer tardivement, quel âge doit-on choisir en définitive ?

Si nous disions seulement : il faut châtrer de *bonne heure*, ce ne serait pas dire assez. Le vague de cette expression pourrait conduire à trop d'interprétations diverses.

Aussi serons-nous explicites, et dirons-nous clairement aux éleveurs :

Pour éviter tous les inconvénients signalés, pour obtenir tous les avantages de la castration sans en subir les dangers, pour avoir tous les bénéfices d'un élevage fructueux, sans en redouter les accidents, défaites-vous de ce préjugé que les chevaux sont meilleurs lorsqu'ils ont conservé longtemps les organes de la génération, et faites castrer vos poulains

le plutôt possible, à l'époque la plus rapprochée de
la naissance, à la mamelle enfin.

Ce conseil, nous le donnons avec d'autant plus de
conviction, que nous pouvons l'appuyer des argu-
ments les plus irréfutables.

Et d'abord, nous avons hâte de dire ceci, afin
que la crainte de la nouveauté n'indispose pas les
éleveurs, cette idée de la castration à la mamelle est
une idée qui a pour elle la sanction du temps et de
l'expérience. Cette pratique est vulgarisée dans certains pays. En Angleterre, on est dans l'usage, dit
M. de Montendre, de faire castrer les poulains de
très-bonne heure, c'est-à-dire aussitôt que l'opération est faisable. Il en est de même dans la majeure
partie de l'Allemagne.

Dans le pays que nous habitons, beaucoup d'éleveurs ont adopté cette méthode : ce qui les a décidés
et ce qui en décidera bien d'autres sans doute, c'est
que l'opération est alors sans le moindre danger. La
castration pratiquée quand les poulains sont à la
mamelle n'entraîne jamais d'accidents sérieux

Voilà notre premier argument, et cet argument
n'est pas à dédaigner quand on songe aux craintes
dont ne peuvent s'affranchir complètement les propriétaires qui veulent faire castrer un poulain arrivé
à l'âge de deux ans. A cette époque, en effet, l'opération est grave; la mort peut en être la conséquence, tandis que dans le très jeune âge, les organes
étant encore rudimentaires, elle n'offre pas la moindre gravité et n'occasionne aucune souffrance.

On l'avouera, cette considération est de la plus haute importance. La castration à la mamelle sauvegarde les intérêts des éleveurs, et elle conserve pour tous les services, notamment pour l'armée, un plus grand nombre de chevaux.

D'autres considérations non moins graves militent en faveur de la suppression des testicules au moment le plus rapproché que possible de la naissance. [1]

En effet, en opérant à la mamelle, alors que les organes générateurs n'ont encore pu exercer aucune influence sur l'économie, on voit les parties dont la présence des testicules aurait activé le développement, conserver les caractères qui les distinguent chez les femelles. La tête reste légère, l'encolure et les épaules ont une conformation en tout point contraire à celle que nous avons indiquée chez les chevaux châtrés dans un âge avancé. A des formes lourdes et disgracieuses ont succédé des conditions de souplesse et d'élégance, et tandis que le développement du train antérieur est modifié dans ce sens, les parties postérieures, au contraire, acquièrent une ampleur et

---

[1] En thèse générale, la castration est praticable à tous les âges, depuis le moment de la naissance. Quand les auteurs disent et quand les éleveurs croient que les testicules ne descendent que vers le quatrième ou le sixième mois, ils prennent l'exception pour la règle. Il est facile de s'en assurer : chez presque tous les poulains, la chûte de ces organes dans les bourses suit de près la naissance. Ils remontent souvent de manière à n'être pas apercevables à l'œil, mais ils sont toujours apparents au toucher.

un développement musculeux qu'elles ne peuvent pas acquérir chez les chevaux laissés entiers ou châtrés tard.

Les hommes de science et les hommes pratiques peuvent faire des objections graves à la castration à la mamelle.

Les premiers diront : la castration à la mamelle n'est-elle pas une opération prématurée, ne nuit-elle pas au développement des membres antérieurs et surtout de la poitrine ?

Les seconds diront à leur tour : si la pratique de la castration dans le premier âge est généralement adoptée, l'avenir de l'espèce chevaline est compromis, et l'éleveur, par une opération prématurée, se prive de la possibilité d'avoir un bel étalon.

Nous allons répondre à chacune de ces objections :

Nous n'avons jamais observé que la castration hâtive ait apporté le moindre obstacle au développement de la poitrine. Nous avons suivi des chevaux châtrés à tout âge, et généralement les poulains hongrés de bonne heure se sont mieux vendus que les poulains châtrés à deux ans seulement. Le moment de la plus grande croissance est le premier âge de la vie, nous dit-on ; n'est-il pas à craindre que la castration pratiquée à ce moment même ne nuise à leur croissance en les rendant malades ? A cet égard, nous pouvons rassurer complétement les éleveurs. Des faits nombreux nous permettent d'affir-

mer que les jeunes animaux ne se ressentent nullement d'une opération qui, pratiquée sur des organes
rudimentaires, ne les rend jamais malades. [1]

L'expérience et l'observation sont les juges suprê-
mes et démontrent que loin de nuire en rien à la
conformation des diverses parties du corps, la castration à la mamelle donne, ou, si l'on veut, n'enlève pas aux jeunes animaux la faculté de prendre
toutes les conditions de taille, d'élégance et de force,
qui font les bons chevaux de service.

C'est déjà un grand point qu'il demeure établi que
la castration pratiquée à cet âge n'influe pas d'une
manière fâcheuse; rien ne démontre que les formes
des chevaux, l'ampleur de leur poitrine, le développement de leurs membres en souffrent le moins du
monde.

Il doit en être nécessairement ainsi : en châtrant
à la mamelle, on ne dérange aucun équilibre, on
ne détruit aucune harmonie dans les fonctions vitales; dans les organes qu'on enlève réside une force
inerte et passive qu'on empêche de se réveiller, voilà
tout. En châtrant tard, au contraire, on détruit subitement un équilibre établi, on apporte une perturbation grave dans la répartition harmonique des
forces vitales sur les diverses fonctions, en suppri-
mant tout à coup l'une des plus importantes.

---

[1] Le procédé *par ligature à testicules couverts* est celui qu'il faut
mettre en usage dans la castration à la mamelle ; c'est le plus simple,
le plus facile et le moins susceptible d'occasionner des accidents.

Par cette seule raison physiologique, que la castration à la mamelle ne peut nuire à la conformation des produits ni contrarier en rien leur développement, il faudrait l'adopter à cause des avantages économiques qu'elle entraîne; il faudrait l'adopter, du moment que les poulains se font mieux, que leur dressage est plus facile, leur caractère plus doux, leur éducation moins onéreuse et plus profitable, leur vente plus assurée et plus fructueuse, moins grand le nombre des accidents qui les déparent.

Mais n'avons-nous pas de nouveaux motifs de l'adopter, s'il est prouvé qu'à cette mesure sont attachés d'autres avantages et que la conformation des individus est heureusement influencée? S'il est prouvé que la légèreté de la tête, l'élégance de l'encolure, la finesse de la crinière, la souplesse des épaules, la hauteur du garrot, en un mot la distinction des parties antérieures, la force et le développement des parties postérieures, témoignent des effets de la suppression des organes génitaux presque immédiatement après la naissance.

Tout cela est prouvé par le raisonnement et par l'expérience. Beaucoup d'éleveurs, l'armée, les hippologues éminents l'ont reconnu, et quand nous faisons ressortir la nécessité de la castration très hâtive, sommes-nous autre chose que l'écho de leur opinion?

C'est surtout sous le rapport du dressage et de l'élève que cette opération ne saurait jamais être prématurée.

Dépouillés de bonne heure de l'ardeur des désirs que la nature a mis en eux, les jeunes animaux ont un caractère plus doux, plus docile, plus maniable : leur éducation est infiniment plus facile. On peut laisser les poulains en compagnie des pouliches et des juments ; on prévient les accidents auxquels les exposent leur jeunesse et la violence de leurs instincts ; on évite les tares des articulations, car nous avons vu très souvent, même des animaux de quatre ou cinq mois, se dresser constamment sur leurs jarrets qu'ils abîment, et s'épuiser en vains efforts pour essayer de saillir leur mère. Cette considération, qui n'est pas d'une mince importance pour la question de la vente, ne doit-elle pas contribuer à faire adopter la castration à la mamelle, et faire repousser tout retard ?

Nous arrivons à la seconde objection :

La castration à la mamelle généralement adoptée compromettrait, nous dit-on, l'avenir de l'espèce chevaline. Cela est vrai : aussi faut-il faire nos restrictions.

L'espèce chevaline n'est pas assez avancée dans la voie du perfectionnement, pour fournir beaucoup de reproducteurs mâles. C'est par exception qu'elle en donne, et ces exceptions sont faciles à spécifier d'avance Les juments de toute conformation, de toute provenance, qu'on livre à la reproduction, sont en général de formes communes, et n'ont pas d'origine constatée. Les éleveurs peuvent sans nul inconvénient faire châtrer à la mamelle les produits de ces juments, la reproduction de l'espèce n'en souffrira pas. Ces poulinières ne sont pas susceptibles de donner naissance à de bons étalons.

Mais les propriétaires qui possèdent exceptionnellement une bonne jument-mère, de formes distinguées, d'aplombs irréprochables, d'une origine bien connue, bien établie et offrant des garanties, ces propriétaires devront agir différemment. Ils garderont leurs poulains entiers jusqu'à un an. A cet âge, on peut juger de l'avenir d'un cheval.

Quant aux pays de bonne production, où la race améliorée peut fournir beaucoup d'excellents étalons, nous n'avons pas autre chose à en dire, sinon que les éleveurs de ces pays n'ont qu'à imiter l'exemple des Allemands et des Anglais : garder pour la reproduction les poulains qui doivent subvenir aux besoins de la monte et des débouchés, et faire castrer tout le reste aussitôt que l'opération est possible.

CHAPITRE QUATRIÈME.

Éducation. -- Ferrure. -- Manière de ferrer les Poulains qui ont les pieds tournés en dehors et en dedans, ainsi que ceux qui sont court jointés ou bas-jointés. -- Indications relatives au Dressage.

On a l'habitude d'entraver les jeunes animaux dans les pacages : c'est une pratique vicieuse que nous conseillons fort d'abandonner. Outre que les liens qu'on emploie fatiguent les membres et peuvent être la cause de tares très graves et de chutes dangereuses, ils empêchent les poulains de prendre leurs ébats et de mettre en jeu leurs forces naissantes par un exercice nécessaire à leur développement Il vaut mieux faire garder les animaux ou clore les prairies, ou encore les attacher au piquet, bien que ce dernier moyen ne soit pas sans inconvénient, et qu'ils puissent se blesser soit au piquet lui-même, soit à la corde qui les attache.

On peut toutefois , en prenant quelques précautions, employer avantageusement ce dernier système. En Normandie , les éleveurs ont adopté l'usage d'un piquet qu'ils enfoncent presque entièrement dans le sol et qu'ils garnissent à son extrémité supérieure d'une manivelle mobile à laquelle la corde est fixée et qui tourne avec les mouvements du cheval, de sorte que la corde ne peut jamais s'entortiller.

Souvent les poulains ont un défaut de conformation assez grave qui peut nuire beaucoup à la solidité de leurs membres antérieurs. Ils ont les pieds tournés en dehors ; ils sont, d'après l'expression adoptée , *panards.* La tendance à ce vice dans les aplombs se manifeste de bonne heure ; en prenant à temps quelques précautions, on peut le pallier et parfois même le guérir. C'est aux personnes qui élèvent de jeunes chevaux que ce soin appartient

Quand on s'aperçoit qu'un poulain est fortement panard, il faut essayer de remédier par une ferrure convenable à la déviation de ses pieds. On remarque que ces animaux usent beaucoup plus le quartier interne que le quartier externe ; aussi ce dernier est-il beaucoup plus élevé que l'autre. L'indication la plus rationnelle est d'attacher, à l'aide de clous minces, une moitié de fer sur le quartier interne seulement. Celui-ci ne peut plus s'user alors, et reprend bientôt le niveau du quartier externe qui, portant seul sur le sol, s'use assez rapidement. A mesure que les quartiers prennent la même élévation, les pieds rentrent dans leur position normale, et la déviation en dehors disparaît.

La déviation en dedans est plus rare ; on la combat par une méthode opposée, c'est-à-dire en ferrant le quartier externe seulement.

Ajoutons, pour rester dans le vrai, que la ferrure remédie à ces accidents lorsqu'ils intéressent simplement le pied et les articulations inférieures ; mais lorsque la déviation en dehors ou en dedans part du coude, c'est-à-dire de l'extrémité supérieure du membre, c'est alors un défaut d'aplomb qu'il faut renoncer à corriger.

Certains poulains usent beaucoup en pince, l'été surtout, lorsqu'ils sont abandonnés tous les jours au pacage. Leurs pieds sont très courts, et les talons, présentant peu de prise à l'usure, offrent une élévation considérable. Dans ces conditions, les jeunes animaux ont de la tendance à devenir droits sur leurs boulets ; il est urgent alors de ne pas tarder à les faire ferrer. Les précautions à prendre dans ces circonstances, sont d'abattre les talons et de laisser le fer un peu long en pince, de manière à favoriser l'allongement de cette partie du pied.

Lorsque les poulains ont le défaut contraire, c'est-à-dire lorsqu'ils sont *bas-jointés,* on pare la pince, on laisse aux talons toute leur hauteur, et au besoin on fait placer des crampons aux éponges du fer. Du reste, à moins qu'il ne soit exagéré, il ne faut pas trop s'inquiéter de ce défaut ; il tend à disparaître à mesure que les sujets grandissent et prennent de la force. On doit commencer à ferrer régulièrement les jeunes animaux à vingt-six ou trente mois. Avant cet âge, on prendra la précaution de faire parer les pieds de temps en temps. Cette mesure a le double avantage d'habituer les jeunes chevaux à la ferrure et de régulariser les aplombs.

C'est alors aussi qu'on doit commencer à les dresser, non pas en les montant comme on en a malheureusement trop l'habitude, mais bien en les attelant. Comme ils sont destinés à devenir des chevaux à deux fins, il vaut mieux que leur dressage s'effectue au trait que sous le cavalier. Ce conseil s'appuie d'un double motif péremptoire.

Premièrement, en les montant, on fatigue beaucoup leurs articulations, les boulets des membres antérieurs surtout.

Secondement, un cheval habitué au trait se laisse presque toujours facilement monter, tandis qu'un cheval accoutumé seulement à la selle, fait le plus souvent de grandes difficultés pour traîner.

Dans les exercices auxquels on soumettra les jeunes animaux dès le principe, on les traitera toujours avec la plus grande douceur. C'est le moyen d'obtenir d'eux plus de soumission. La crainte, comme on l'a dit, est le sentiment qu'ils acquièrent le plus vite, et c'est le dernier qu'il faudrait leur inspirer. Il faut leur donner de la confiance pour les dresser facilement; ils sont sensibles aux bons trai-

tements et aux caresses, et rien ne gâte leur caractère comme de les châtier mal à propos.

Les éleveurs s'y prennent fort mal en général
pour habituer les chevaux à traîner; ils les attellent
à une charrette fort lourde, les fouettent pour les
faire avancer, et ils enrayent fortement la charrette lorsque les jeunes sujets, qui ne savent pas ce
qu'on leur demande, font quelques mouvements désordonnés. C'est tout-à-fait le contre-pied de la marche à suivre.

Après les avoir habitués quelque temps à l'avance
à porter les harnais, il faut leur faire traîner d'a-
bord un morceau de bois, puis un véhicule très
léger. Un des meilleurs procédés est de les exercer
avec une herse. Il est de toute rigueur de procéder
ainsi par gradation, sans quoi on s'expose à des accidents ou à des résistances opiniâtres, qu'il devient
quelquefois même impossible de surmonter.

L'essentiel est d'accoutumer les jeunes animaux à
traîner avant l'âge où ils peuvent s'en défendre. Il
faut se garder toutefois d'exiger d'eux un travail
continu, pénible, au-dessus de leurs forces, afin de
ne pas les rebuter, les rendre vicieux et les tarer pré-
maturément. Parmi les chevaux qui naissent dans le
département, les mieux dressés, lors de la vente,
sont les chevaux des Landes. Les éleveurs landais
commencent à les faire labourer à l'âge de deux ans;
ils les attellent par couples à de très petites charrues
extrêmement légères, et les habituent à traîner sur
leurs champs sablonneux qu'ils sillonnent sans le

moindre effort. Aussi , ces bons petits chevaux étant
prêts à toute espèce de travail , les acquéreurs les
prennent sans difficulté.

C'est précisément à cause de cette éducation pré-
coce que les chevaux étrangers trouvent tant d'a-
mateurs sur les marchés français. A ce point de
vue , leur supériorité est incontestable. On commence à s'en apercevoir ; les courses au trot sous le
cavalier , ou à la voiture , établies en Normandie ,
dans le Perche et en Bretagne, n'ont pas été créées
dans un autre but que d'encourager le dressage des
jeunes sujets.

Cette pratique du dressage , si favorable à tous
égards, a été, jusqu'à ce jour, très négligée dans nos
contrées et dans la majeure partie de la France. Si
elle pouvait s'introduire dans les mœurs des agriculteurs, nul doute que l'industrie chevaline ne prospé-
rât rapidement. On s'accoutumerait insensiblement à
tirer parti des élèves dans les travaux agricoles ; on
serait conduit alors à la nécessité de les nourrir autrement qu'on ne le fait ; et au lieu de ces bêtes re-
vêches, souvent ombrageuses , dont l'éducation tout
entière est à faire quand on les expose en vente , et
que beaucoup de personnes refusent d'acheter pour
ce motif, selon nous très légitime , on obtiendrait
des chevaux doux , patients, habitués à obéir , maniables , aptes à tout service, mieux développés , et
qui se vendraient à coup sûr plus facilement et d'une
manière plus avantageuse.

———————————

Les indications très sommaires que nous venons de donner sur l'élevage pratique du cheval seront suffisantes, nous le croyons, pour la grande majorité des éleveurs Nous avons eu constamment en vue de rendre populaire et accessible à toutes les intelligences la science de la production et de l'éducation, car l'infériorité de l'industrie chevaline dépend en grande partie de l'impéritie dans l'élevage, impéritie d'autant plus regrettable qu'elle paralyse les ressources dont les éleveurs disposent.

Le cheval est la bête de commun service qui se vend le plus, a dit Olivier de Serres. On le reconnaît, et néanmoins beaucoup de personnes, qui par goût se livreraient à l'élève du cheval, préfèrent l'industrie mulassière, parce que, étant d'ailleurs très fructueuse, elle est surtout plus aisée.

Tout le monde peut élever un mulet. Cet animal s'entretient et grandit seul, presque sans précautions, comme une plante vivace abandonnée à elle-même. Le cheval, moins rustique, moins facile à nourrir et à élever, réclame des soins soutenus, une surveillance attentive, de la science en un mot, pour arriver à ce point où il indemnise largement des avances qu'on a faites. Aussi recule-t-on souvent devant l'appréhension des difficultés et des chances d'accidents attachées à l'entretien des poulinières ou à l'éducation des poulains.

Quant aux propriétaires qui, malgré tout, s'adonnent de préférence à l'industrie des chevaux, la plupart s'y livrent en aveugles. Bien peu se demandent comment il faut élever et quelles sont les règles à suivre pour élever avec fruit et convenance, et ils arrivent à de pauvres résultats.

Qu'ils veuillent donc se décider à mettre en œuvre les principes dont nous avons fait l'exposé, et nous sommes assuré d'avance qu'ils obtiendront mieux que par le passé.

Mais il ne suffit pas d'apprendre à utiliser les ressources dont on dispose, il faut encore savoir en créer de nouvelles. Il faut que les propriétaires, dans l'intérêt de la production animale en général et dans leur propre intérêt, modifient, améliorent les conditions agricoles dans lesquelles ils se trouvent placés, conditions qui ne sont pas une des moindres causes de l'infériorité constatée dans la production du cheval.

Ils arriveront à ces améliorations et ils se créeront des ressources nouvelles :

Premièrement, en multipliant les prairies artificielles qui sont la base de toute bonne agriculture, parce qu'elles permettent de nourrir un bétail plus nombreux et plus beau, d'avoir par conséquent beaucoup d'engrais, de mieux fumer les terres, d'en retirer plus de produits et de supprimer les jachères.

Secondement, en donnant plus d'extension à la culture des fourrages, racines, betteraves, carottes, navets; culture économique trop méconnue, qui, à l'avantage d'amender et de fertiliser le sol, réunit celui de fournir une précieuse ressource alimentaire pour les animaux pendant l'hiver.

Troisièmement, en substituant des principes rationnels à l'incurie qui préside encore à la préparation, à la conservation et à l'utilisation des fumiers dont la quantité et la qualité décident en grande partie du succès en agriculture

Quatrièmement, en adoptant la pratique des irrigations qui augmentent d'une manière si merveilleuse le produit des prairies et peuvent féconder les terrains les plus arides.

Cinquièmement enfin, en introduisant dans les exploitations rurales des instruments tels que la herse et la houe à cheval, les rouleaux légers pour le battage des grains, qui faciliteraient l'emploi des jeunes chevaux.

Si à ces modifications capitales l'administration ajoute son contingent d'efforts et d'encouragements, en ouvrant des concours où les primes soient distribuées avec solennité, [1] en fournissant des éléments

---

[1] A l'exemple de ce qui se pratique en Allemagne (Voir de Montendre, *Institutions hippiques*, 1er volume), les concours se font avec apparat dans le département de Lot-et-Garonne. — Le procès-verbal de la distribution des primes est rédigé et lu publiquement séance tenante. Les noms des lauréats étant proclamés, les primes

de production, des débouchés, et surtout en améliorant les chemins vicinaux, nul doute que, malgré la division des propriétés, malgré la préférence accordée de nos jours à l'éducation de la mule et du bœuf, un meilleur avenir ne s'ouvre pour l'industrie chevaline. Tout marchera de front, grâce à l'impulsion puissante donnée à ces diverses industries par une agriculture perfectionnée.

Ni l'importation de juments d'origine diverse, ni l'habitude qu'ont les propriétaires de choisir, pour leur service, les bêtes qui sont le mieux à leur convenance, circonstances qui s'opposent si manifestement aujourd'hui à la création d'un type uniforme de juments-mères, rien alors ne pourra empêcher l'établissement d'une race homogène, nous ne disons pas dans le Lot-et-Garonne, mais dans tous les départements soumis aux mêmes conditions agricoles et climatériques. Les transactions commerciales qui mélangent si confusément les races et détruisent toute harmonie, la favoriseront au contraire et seront, dans un avenir plus ou moins rapproché, la cause principale de la synthèse que nous prévoyons.

En effet, à mesure que des conditions agricoles identiques se répandront partout, à mesure qu'on fera plus de fourrages, que les voies de communica-

_____

sont distribuées en public. Les propriétaires des animaux couronnés reçoivent : 1° la valeur de la prime renfermée dans une bourse; 2° un diplôme signé de tous les membres du jury; 3° une rosette de rubans qui est attachée à la tête des animaux; 4° un exemplaire du Manuel de l'éleveur de chevaux.

11

tion vicinale seront meilleures, que les chemins de
fer se multiplieront, qu'on utilisera le cheval pour
les travaux de l'agriculture, qu'on se servira moins
d'animaux ayant beaucoup de force et une charpente
volumineuse, les chevaux tendront insensiblement à
revêtir un type uniforme; les grosses races ayant
besoin de plus de célérité perdront de leurs formes
massives; les petites, mieux nourries, se développe-
ront davantage; et au lieu de ce contraste que nous
constatons parmi les individus composant la population chevaline de la France, au lieu d'une diversité
infinie, il y aura un très petit nombre de races bien
caractérisées; il n'y en aura pas plus que ne le com-
porteront les grandes différences de climat et de zones
culturales.

Jusqu'alors, on le comprend, tous les moyens
qu'on emploiera amèneront des résultats partiels; ce
qui est bien quelque chose, puisque les bons résultats,
même isolés, sont les avant-coureurs du véritable
progrès, mais ils ne produiront pas des améliorations
générales. Le croisement lui-même, à l'aide des étalons fournis par l'État, qui est considéré comme le
moyen le plus efficace, est moins, suivant l'heureuse
expression de M. de Sourdeval, [1] un point de départ
vers l'amélioration, dans les circonstances actuelles,
qu'une lutte indéfinie contre la dégénérescence.

---

[1] *Journal des Haras*, vol. 47, page 35.

APPENDICE.

Avant de clore ces Instructions, nous avons cru devoir, dans un court appendice, dire un mot des vices rédhibitoires et de la manière de procéder dans les contestations qui s'élèvent à propos de ventes et échanges de chevaux. Les producteurs et les éleveurs, à qui ce livre est destiné, sont nécessairement plus ou moins commerçants ; à ce titre, ils pourront trouver quelque intérêt à lire cette note additionnelle, et ils nous sauront gré peut-être des indications utiles que nous essayons de leur donner.

§ 1.

De la connaissance des vices rédhibitoires des chevaux.

Dans le commerce des animaux plus que dans tout autre, l'acheteur ne peut pas immédiatement s'assurer d'une manière complète de la qualité de l'objet qui lui est vendu. Il court la chance d'être trompé.

Pour diminuer cette chance, la loi impose au vendeur des obligations, une surtout : c'est celle de vendre l'objet exempt de certains *défauts*.

Si cet objet, c'est-à-dire l'animal vendu, porte ces défauts, l'acheteur a un *droit* contre son vendeur.

Ce droit est la GARANTIE. Ces défauts sont les VICES RÉDHIBITOIRES.

La garantie a pour effet de provoquer la résiliation du marché lors de l'existence de l'un de ces vices ; elle doit nécessairement avoir une limite. Afin que l'acheteur ne pût pas détériorer la chose vendue, la loi a fixé un délai, passé lequel il perd son droit. Ce laps de temps forme ce qu'on nomme *la durée de la garantie.*

Pour qu'un vice soit rédhibitoire, il faut 1º qu'il soit antérieur à la vente ; 2º qu'il soit caché au moment où elle s'accomplit ; 3º qu'il rende l'animal impropre à l'usage auquel on le destine.

Les maladies auxquelles la loi du 20 mai 1838 reconnaît ce triple caractère, pour le cheval, l'âne et le mulet, sont :

La FLUXIÒN PÉRIODIQUE DES YEUX. Nommée vulgairement la *lune*, elle affecte les jeunes chevaux de très bonne heure quelquefois ; elle est généralement incurable, se termine presque toujours par la perte de la vue et se manifeste par accès plus ou moins éloignés.

L'ÉPILEPSIE OU MAL CADUC. C'est une maladie fort grave, se présentant également par accès pendant les intervalles prolongés desquels aucun symptôme ne la signale.

La MORVE. De toutes les affections rédhibitoires c'est la plus funeste, en ce qu'elle est contagieuse pour les animaux et même pour les hommes ; elle se reconnaît aux signes suivants : jetage purulent par le nez ordinairement d'un seul côté, et le plus souvent du côté gauche ; chancres sur la membrane nasale et engorgement des glandes situées sous la ganache. La loi est très sévère relativement à cette maladie. Non seulement il est défendu de vendre un cheval morveux, mais encore on ne peut pas, sans s'exposer à des peines rigoureuses, *exposer en vente* des animaux *suspects* de morve.

Le FARCIN. Il se montre sous forme de boutons, de corde, de gonflements ou d'ulcères. La nature contagieuse, la gravité de ce mal qui peut être caché au moment de la vente, l'ont fait classer à juste titre parmi les vices rédhibitoires.

La VIEILLE COURBATURE ou phthisie pulmonaire. C'est une

maladie de poitrine ancienne qui peut être cachée lors de la vente, surtout lorsqu'elle existe à son premier période et qui peut néanmoins amener en très peu de temps la mort de l'animal chez lequel on l'observe.

L'IMMOBILITÉ. Elle consiste dans un état particulier, non permanent, de stupeur et de somnolence du cheval, qui fait dire, en terme vulgaire, qu'il est *imbécile.* Cet état, lié à une lésion organique intéressant le système nerveux et diminuant notablement la valeur des animaux, les surprend au milieu de leurs repas ou de leurs travaux, les empêche de manger, d'avancer, de reculer surtout, et les porte, quand on veut les violenter dans ces circonstances, à des mouvements désordonnés que rien ne saurait maîtriser et qui peuvent être extrêmement dangereux pour les conducteurs.

La POUSSE. C'est de tous les vices celui qui donne le plus souvent lieu à contestation. Il est d'ailleurs assez fréquent, et c'est parce que tout le monde se croit apte à le reconnaître, qu'il occasionne tant de procès. La pousse se caractérise par une altération plus ou moins sensible du flanc à laquelle on a donné les noms de *soubresaut, coup-de-fouet, contre-temps*, et par une toux petite, sèche, quinteuse, avec ou sans rappel, dont le timbre particulier ne peut échapper à une oreille habituée.

Le CORNAGE. On donne ce nom à un ronflement plus ou moins intense qui se fait entendre après un exercice quelquefois peu prolongé et qui est dû à une difficulté de la respiration. On appelle *corneur* le cheval affecté de ce vice.

Le TIC SANS USURE DES DENTS. C'est une habitude vicieuse sous l'influence de laquelle le cheval contracte fortement son cou et fait entendre un bruit particulier appelé éructation, dû à l'expulsion brusque de gaz de l'estomac. Cette habitude est extrêmement désagréable; elle est, en outre, fâcheuse en ce qu'elle peut dépendre d'un état maladif assez difficile à spécifier. Ce tic est encore nommé *le tic en l'air*. Le tic sur la mangeoire, le timon ou tout autre corps dur, n'est pas rédhibitoire parce qu'il est reconnaissable à l'usure des dents.

Les HERNIES INGUINALES INTERMITTENTES. Elles constituent un vice propre aux chevaux entiers, très rare chez les chevaux hongres. Il se trahit par la présence, dans les bourses, d'une tumeur susceptible de se manifester et de disparaître d'une manière très irrégulière, et d'occasionner la mort dans certaines circonstances.

Les BOITERIES INTERMITTENTES POUR CAUSE DE VIEUX MAL. On appelle ainsi des claudications fort variables quant à leur nature et quant à leur origine, ordinairement graves, souvent incurables. Elles comptent au nombre des vices pouvant donner lieu à la résiliation du marché, à cause de l'intermittence qui les caractérise.

§ II.

Manière de procéder dans le cas de vices rédhibitoires.

Ces diverses maladies, dont nous venons de donner une idée succincte, ne se montrent point chez les animaux en bas âge, quoique souvent ils en portent le germe. Aussi, les producteurs qui vendent les poulains de bonne heure sont-ils bien rarement exposés aux conséquences de la garantie. Les vices qui les premiers peuvent atteindre les jeunes sujets sont: la fluxion périodique des yeux, les hernies inguinales intermittentes et l'épilepsie, et encore ne se manifestent-ils guère avant l'accomplissement de la première année.

Lorsqu'un propriétaire a fait l'acquisition d'un cheval et qu'il le suppose atteint d'un vice rédhibitoire, il doit adresser au juge de paix du lieu où se trouve l'animal une requête [1] dans laquelle il demande la nomination d'experts pour en constater l'état. Il est indispensable que la présentation de cette requête, la nomination des experts et l'enregistrement de ces pièces, aient lieu dans le délai de la garantie. Ce délai est de TRENTE JOURS pour la fluxion périodique et pour l'épilepsie ; il est de NEUF jours pour tous les autres cas.

Mais, en même temps qu'il provoque la nomination de l'expert, l'acheteur doit de toute nécessité *intenter l'action* dans le délai prescrit, c'est-à-dire *assigner le vendeur à comparaître devant le tribunal compétent, à tel jour, pour s'y voir condamné à reprendre l'animal qu'il a vendu, attendu le vice rédhibitoire dont il est atteint.*

C'est la demande introductive d'instance. Si le vendeur est marchand de chevaux, l'acheteur a le droit de porter cette demande soit au tribunal de commerce du domicile du défendeur, soit à celui dans l'arrondissement duquel la promesse de vente a été faite et la marchandise livrée, soit enfin à celui dans l'arrondissement duquel le paiement devait être effectué.

Si le vendeur n'est pas marchand de chevaux, la demande introductive d'instance doit être faite devant le tribunal civil du domicile du défendeur.

---

[1] Voici en quels termes sera rédigée cette requête qui devra être faite sur papier timbré.

A M. le juge de paix de

Le soussigné... (nom, prénoms, profession et demeure), a l'honneur d'exposer que.... (date de la vente), il a acheté du sieur.... (nom, etc., du vendeur), au prix de.... un animal (désignation et signalement.)

Cet animal paraissant atteint d'un vice rédhibitoire (désignation du vice), le requérant vous prie, Monsieur le juge, de vouloir nommer un vétérinaire pour expert, afin de constater les vices dont il peut être affecté et dresser procès-verbal sur lequel il sera statué ce que de droit.

Fait à.... le....   (Signature.)

Dans ces différents cas, si la valeur de l'animal n'excède pas cent francs, les actions en rédhibition sont de la compétence des tribunaux de paix.

Pour que le procès-verbal soit valable, il faut que l'expert ait prêté serment devant le magistrat qui l'a nommé.

Dans une affaire portée devant le tribunal civil, l'assistance d'un avoué est indispensable.

A dater de la demande en garantie, l'acheteur doit mettre l'animal en fourrière puisque c'est une propriété en litige, et pour qu'on ne puisse lui imputer les détériorations qui pourraient survenir.

La garantie n'a pas lieu dans les ventes faites par autorité de justice.

Telles sont les indications essentielles qu'il faut connaître pour faire valoir ses droits dans le cas de vices rédhibitoires. Ajoutons, avant de terminer, que si l'acheteur et le vendeur sont voisins et s'ils veulent s'entendre, ils peuvent éviter tout procès et même toute contestation devant le juge de paix, en choisissant eux-mêmes, pour arbitres, des vétérinaires qui jugent l'affaire avec beaucoup moins de frais. Cette manière de procéder est préférable à toute autre, quand les parties sont d'accord et qu'elles s'engagent, par un compromis, à conférer aux vétérinaires de leur choix le droit de les juger sans appel. N'est-ce pas en définitive le procès-verbal des experts-vétérinaires qui décide toujours dans ces sortes de procès ?